Ayan Bandyopadhyay

Síntese de produtos naturais por eletroquímica

Ayan Bandyopadhyay

Síntese de produtos naturais por eletroquímica

ScienciaScripts

Imprint

Any brand names and product names mentioned in this book are subject to trademark, brand or patent protection and are trademarks or registered trademarks of their respective holders. The use of brand names, product names, common names, trade names, product descriptions etc. even without a particular marking in this work is in no way to be construed to mean that such names may be regarded as unrestricted in respect of trademark and brand protection legislation and could thus be used by anyone.

Cover image: www.ingimage.com

This book is a translation from the original published under ISBN 978-620-7-65026-2.

Publisher:
Sciencia Scripts
is a trademark of
Dodo Books Indian Ocean Ltd. and OmniScriptum S.R.L publishing group

120 High Road, East Finchley, London, N2 9ED, United Kingdom
Str. Armeneasca 28/1, office 1, Chisinau MD-2012, Republic of Moldova, Europe
Printed at: see last page
ISBN: 978-620-7-79566-6

PREFÁCIO

A síntese de produtos naturais extremamente complexos (principalmente alcalóides e terpenóides) é um dos alvos sintéticos desejáveis para os químicos orgânicos contemporâneos, uma vez que desempenham um papel crucial no domínio da medicina, da agricultura, da alimentação e da indústria cosmética. Os produtos naturais motivam os investigadores a criar novas ferramentas eficazes, imitando moléculas que ocorrem naturalmente, para monitorizar os mecanismos de bio-regulação e satisfazer as necessidades quotidianas. A síntese convencional de alcalóides e terpenóides requer muito tempo, dedicação, um grande número de etapas de reação, vários produtos químicos nocivos e condições de reação difíceis. Isto torna o processo menos eficiente em termos de eficiência atómica e sustentabilidade. Por vezes, os produtos derivados da biomassa e os recursos biológicos podem ser empregues como principais matérias-primas devido à sua disponibilidade de enxertos e à sua capacidade de renovação. Assim, o facto de se abandonar as matérias-primas derivadas da petroquímica e se voltar a utilizar matérias-primas renováveis de base biológica, como plantas, ervas e vários animais, embeleza a síntese total de produtos naturais. No entanto, o desenvolvimento de uma metodologia sintética nova e mais eficiente é a principal preocupação das comunidades sintéticas neste domínio. A este respeito, os cientistas estão a desenvolver e a modificar incansavelmente vários procedimentos químicos para proteger a mãe natureza de poluentes químicos perigosos e torná-la sustentável para a nossa geração futura.

Sob este ponto de vista, a síntese electro-orgânica surge como um processo eficiente em termos de átomos, sustentável e suave, permitindo um caminho ecológico e elegante para sintetizar moléculas estruturalmente complexas e ainda valiosas, como alcalóides e terpenóides . Assim, pode evitar a utilização de quantidades estequiométricas convencionais de bases, sais metálicos e agentes oxidantes e redutores agressivos, simplificar o trabalho difícil e aumentar a tolerância do grupo funcional, o que pode ser muito vantajoso em caso de escalabilidade. Sendo uma das formas mais antigas de preparação de reacções em laboratório, lida com a química redox fundamental através da aplicação direta de um potencial elétrico. Aqui, o fluxo de electrões actua como agente oxidante no ânodo e, simultaneamente, como agente redutor no cátodo, dependendo das necessidades da reação. Ao mesmo tempo, minimiza a produção de resíduos de reagentes durante a reação. No entanto, a eletrificação da síntese orgânica vai além da prevenção da pegada de resíduos. Esta tecnologia fornece um roteiro alternativo através de desconexões de ligações não clássicas para aceder às moléculas alvo desejadas, reduzindo o número de passos com a formação de ligações aparentemente difíceis com excelente regio-, quimio- e estereoselectividade. Notavelmente, uma gama de produtos naturais funcionalizados como alcalóides e terpenóides pode ser isolada com rendimentos moderados a bons à escala de um grama na maioria dos casos electroquímicos. Além disso, a manipulação precisa da tensão aplicada pode enriquecer a quimiosselectividade e desbloquear uma reatividade única, o que se tem revelado difícil de conseguir com quantidades estequiométricas de oxidantes químicos. Para além dos procedimentos sintéticos tradicionais, oferece frequentemente alternativas desconexões retrosintéticas de moléculas alvo. De um modo geral, a síntese orgânica eletroquímica de alcalóides e terpenóides tem vindo a crescer como uma abordagem amiga da natureza, uma vez que evita a utilização de quantidades estequiométricas de reagentes poluentes e reduz a geração de subprodutos. Por conseguinte, este processo deve encontrar aplicações para a elevada produtividade das empresas farmacêuticas. Assim, na síntese de moléculas complexas com relevância farmacêutica, como alcalóides e terpenóides, a utilização da metodologia electro-sintética tornou-se quase inevitável. Nos últimos anos, foram alcançados vários marcos na síntese electro-orgânica de produtos naturais fascinantes através da formação de ligações C-C oxidativas, da funcionalização C-H/N-H, da dimerização N-N oxidativa muito rara, da dimerização RCDA, etc. Obviamente, surge como uma técnica alternativa e atractiva para as actuais comunidades sintéticas. Neste livro, o roteiro alternativo de transformação verde através de formações de ligações não clássicas para aceder às moléculas alvo desejadas (principalmente alcalóides e terpenóides) será discutido em pormenor. Como é que ligações aparentemente difíceis são construídas com excelente regio-, quimio- e estereoselectividade, isso será mostrado.

O livro contém dois capítulos: (1) alcalóides com dez moléculas alvo e (2) terpenóides com quatro moléculas alvo e cada subcapítulo apresenta (a) recursos naturais, (b) abordagem sintética convencional e (c) avanços na síntese eletroquímica com mecanismo provável, sempre que possível, para cada uma das sínteses totais de 14 produtos naturais complexos. No entanto, a minha preocupação é identificar as vantagens e os desafios da síntese eletroquímica de produtos naturais como perspectivas futuras, em vez das antigas técnicas convencionais. Espero que este livro seja útil para todos os interessados na síntese de terpenóides e alcalóides por metodologia verde e na compreensão do seu percurso mecanístico.

O autor (A.B) agradece vivamente ao Dr. R. Sarker pelo incentivo. Por último, mas não menos importante, agradeço sinceramente à LAMBERT Academic Publishing pelo apoio na obtenção deste livro.

ÍNDICE

Tf   trifluoromethanesulfonate

TPAP   tetra-*n*-propyl ammonium perruthenate

Ts   4-toluenesulfonyl

DEAD   diethylazodicarboxylate

DMAP   4-dimethylaminopyridine

INC   intramolecular nitrone cycloaddition

HFIP   1,1,1,3,3,3-hexafluoro-2-propanol

DEAD   diethyl azodicarboxylate

PPTS   pyridinium p-toluenesulfonate

CSA   camphorsulfonic acid

DME   dimethoxyethane

TPAP   tetrapropylammoniumperrruthenate

TFA   trifluorocetic acid

NaHMDS sodium hexamethyldisilazide

DMDO   dimethyldioxirane

1. ALCALÓIDE

Introdução:

Alcalóides[1] são diversas classes de compostos orgânicos complexos de ocorrência natural que contêm pelo menos um átomo de azoto básico. Para além do carbono, do hidrogénio e do azoto, os alcalóides podem também ser constituídos por átomos de oxigénio ou de enxofre. No entanto, os elementos fósforo, cloro, bromo, etc. são muito raros. As plantas produzem milhares de alcalóides, talvez utilizando o dióxido de carbono como sintetizador de um só carbono através da fotossíntese. As plantas que contêm alcalóides são utilizadas pelo homem desde a antiguidade para fins terapêuticos e lúdicos. Por exemplo, as plantas medicinais que contêm principalmente alcalóides são conhecidas na história desde cerca de 2000 a.C. A utilização de efedra e papoilas de ópio na medicina foi mencionada num livro chinês escrito entre os séculos I e III a.C. Os extractos de plantas que contêm alcalóides tóxicos, como a aconitina e a tubocurarina, eram utilizados como veneno para flechas. De facto, os estudos actuais sobre alcalóides começam no século 18th - 19th . O químico alemão Friedrich Serturnen isolou[2] primeira droga bem conhecida, a morfina (**1**) da papoila do ópio (Figura 1), utilizada como narcótico e analgésico.[3] Este foi um verdadeiro avanço na história dos alcalóides. Foram desenvolvidos vários métodos, incluindo a cromatografia em coluna de sílica-gel, para extrair, purificar e isolar estes importantes compostos biologicamente activos das plantas e as suas estruturas foram elucidadas através de numerosos instrumentos, como a medição de C, H, N, IR, massa, RMN, etc. Curiosamente, para além do reino vegetal, os alcalóides encontram-se em animais, como a bufotenina na pele de alguns sapos, e em alguns fungos, como a psilocibina nos corpos de frutificação.

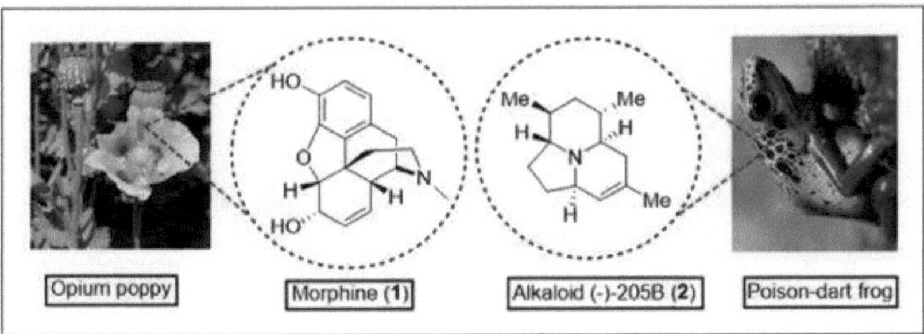

Figura 1. A morfina (**1**) foi o primeiro alcaloide isolado[2] da papoila do ópio pelo químico alemão Friedrich Serturnen em 1804 e o alcaloide tricíclico (-)-205B (**2**) isolado da pele das rãs venenosas Dendrobates foi referido pela primeira vez[4] em 1987.

Por exemplo, o alcaloide tricíclico indolizidina (-)-205B (**2**) com cinco centros estereogénicos foi isolado[4] da pele de rãs venenosas Dendrobates em 1987. O alcaloide (-)-205B tem uma potência significativa[5] na doença de Alzheimer e na esquizofrenia.

Com base no heterociclo, as seguintes classes de alcalóides são geralmente encontradas na natureza. Algumas das famílias de alcalóides são: (I) Piridina, (II) Pirrolidina, (III) Amaryllidaceae, (IV) Sceletium, (V) Pirroli-zidina, (VI)Indolizidina, (VII) Quinazolina, (VIII) Quinolina, (IX) Pirrolizidina, (X) Piperidina, (X) Carbazol, (XI) Quinolizidina, (XII) Isoquinolina, (XIII) Acridina, (XIV) Colchicina, etc. Além disso, existem também na natureza alguns alcalóides macro-cíclicos à base de péptidos.

Embora alguns dos alcalóides possam ser venenosos (atropina, tubocurarina), a maioria dos alcalóides tem uma vasta gama de actividades farmacológicas[1c,d] incluindo antimalárica (quinina), antiasmática (efedrina), anticancerígena (homoharringtonina), colinomimética (galantamina), vasodilatador (vincamina), antiarrítmico (quinidina), analgésico (morfina, oxicodona), antibacteriano (queleritrina), anti-hiperglicémico (berberina), estimulante (cocaína, cafeína, nicotina), psicotrópico (psilocina) e anti-Alzheimer (205B).[5] Assim, são consideradas muito preciosas para utilização na medicina tradicional e moderna, como pontos de partida para a descoberta de medicamentos. No entanto, a destruição de muitas plantas e animais permitia extrair muito poucos miligramas de alcalóides. De forma notável, apenas foi possível extrair 13 mg de (-)-205B puro de peles de 3620 rãs. Por conseguinte, a síntese de alcalóides tornou-se essencial para as necessidades crescentes da indústria medicinal e para a luta contra numerosas doenças mortais. No entanto, os progressos subsequentes na síntese de alcalóides foram bastante lentos até 1944, altura em que R. B. Woodward[6] anunciou a sua síntese histórica do quinino. Nos últimos anos, foram alcançados vários marcos na construção destes produtos naturais bioactivos. No entanto, estas sínteses em várias etapas dão um rendimento muito baixo dos alcalóides no final e são produzidos vários subprodutos nocivos a partir do reagente. A avaliação eletroquímica[7] na síntese de alcalóides pode resolver os problemas da síntese convencional, gerando uma atmosfera de condições de reação mais suaves sem reagentes, temperatura ambiente e reacções sem catalisadores, liberdade de escalabilidade, utilização de eléctrodos baratos e recicláveis e sintonização da reação. Neste capítulo, será discutida a síntese de alguns alcalóides bem conhecidos, em que a eletroquímica foi aplicada para resolver as etapas-chave dessa síntese.

1.1(+)-Mirtina: (alcaloide quinolizidina).

1.1.1. Fonte natural:

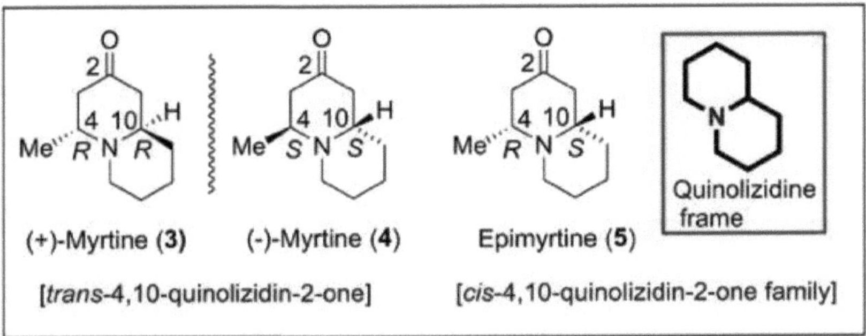

A (+)-mirtina (3), com a fórmula empírica $C\,H_{1017}\,NO$, é um alcaloide baseado no anel da quinolizidina em que a estereoquímica das posições C-4 e C-10 é *trans*. A (+)-Mitrina (3) e, mais tarde, o seu epímero (5) são alcalóides quinolizidínicos de ocorrência natural isolados de Vaccinium myrtillis (Ericaceae), um arbusto originário da Europa e do oeste dos Estados Unidos.[8] As estruturas e as configurações absolutas da (*4R, 10R*)-(+)-mirtina (3), (*4S, 10S*) (-)-mirtina (4) e (*4R, 10S*)-epimirtina (5) foram determinadas utilizando técnicas espectroscópicas modernas, tais como IR, C, H, N-análise, espetrometria de massa de alta resolução,[13] C e[1] H-NMR espetroscopia, como se mostra na figura-2. Os alcalóides que contêm um sistema de anéis de quinolizidina têm uma vasta gama de actividades biológicas para fins terapêuticos.

Figura-2. (+) e (-)-Mitrina e epimitrina numa estrutura de quinolizidina.

Por conseguinte, novas metodologias para a síntese estereosselectiva da mirina e dos seus isómeros são muito importantes e desafiantes para os grupos sintéticos.

1.1.2. Abordagem sintética anterior.

I. (+)-Mytrine por Daniel L. Comins, 1992:[9]

Os grupos de Daniel L. Comins completaram as três primeiras etapas da síntese total da (+)-Mirtina (3) a partir de um sal quiral de piridínio 4-metoxi-3-(triisopropilsilil) (6),[9] que reage prontamente com o reagente alifático de Grignard 7 em tolueno/ THF a -78 C°

para obter a dihidropiridona **8**, com configuração R em C-2, com 77% de rendimento (de = 86%). O produto crucial ciclizado da quinolizidinona **9** foi obtido após a remoção do auxiliar quiral, (-)-8-fenilmentol, do **8** diastereomericamente puro, por tratamento com metóxido de potássio em DMSO, seguido de tratamento com ácido oxálico, com um rendimento de 90%. O composto 9 era enantiomericamente puro e foi determinado como sendo >99% por análise HPLC em coluna quiral. Agora, a quinolizidinona **9 provou** ser um potencial bloco de construção quiral para a síntese de vários alcalóides. A adição axial 1,4 de cloreto de metil-magnésio em benzeno à temperatura ambiente ao sistema de enona de **9** deu (+)-Mirtina (**3**) como um óleo límpido com um rendimento de 55% (Esquema-1).

Esquema 1: Síntese da (+)-Mitrina (3): Reacções e condições: (a) 7, tolueno/ THF, -78° C, depois H O₃⁺ ,77%; (b) KOMe, DMSO, ácido oxálico, 90%; (c) MeMgCl, THF, RT, 55%.

II. (-)-Mytrine por Franklin A. Davis, 2007:[10]

Franklin A. Davis et. al. relataram a síntese assimétrica de piperidinas trans-2,6-dissubstituídas funcionalizadas **13** a partir de N-Sulfinil δ-Amino β-Keto Fosfonatos 11 utilizando quatro passos de ciclização de pote único seguidos de adição estereosselectiva de Micheal por reagente metil organo cuprete. Posteriormente, a piperidina **13** trans bem separada é convertida em (-)-Mirtina por passos sequenciais. Quando o éster de partida **10** foi reagido com fosfonato de dietil-lítio seguido de dimetilacetal em DMF, obteve-se a enaminona intermediária **11**. Esta última, sem purificação, foi então hidrolisada com HCl aquoso e depois presa com (Boc)₂ O para fornecer a dihidropiridona **ciclizada12** em 77-80% em quatro etapas (Esquema 2). A reação de **12** com o metilcuprato a -78 °C foi trans-selectiva e forneceu tanto as *trans-* como *as* cis-piperidinas numa proporção de 4:1 como diastereómeros separáveis (*cis:trans* =1:4) e um rendimento isolado de **13** foi de

70%. O composto 14 foi preparado a partir de 13 por redução com $NaBH_4$, hidrólise com NaOH metanólico e ação com diisopropilcarbodiimida (DIC) em 70% de rendimento para as três etapas (Esquema 2).

O grupo 4-ceto necessário foi criado por oxi-mercuração-demercuração de **14** com $Hg(NO_3)_2$ e $NaBH_4$ / NaOH para obter uma mistura de álcoois que, sem isolamento, foram subsequentemente oxidados por periodinano de Dess-Martin, obtendo-se **piperidina15** 4-oxo-trans-2,6-dissubstituída com um rendimento de 78% para as três etapas (Esquema 2). Remoção do N-BOC e do grupo protetor benzílico por TFA e hidrogenólise com $Pd(OH)_2$ -C, respetivamente, seguida de ciclização mediada por CCl_4/PPh$_3$/Et$_3$N para o anel quinolizidina, obtendo-se (-)-mirtina (**4**) com um rendimento de 52% para as três etapas (Esquema 2).

Esquema 2: Síntese da (+)-Mitrina (4): Reacções e condições: (a) (1) $MePO(OEt)_2$, nBu-Li, THF, -78° C a 0° C; (2) $Me_2NCH(OMe)_2$, DMF; (b) (1) 4N HCl, RT; (2) $(Boc)_2O$, DMAP, Et_3N, (77 % para 4 etapas); (c) MeMgCl, CuI, -78° C, 70%; (d) (1) $NaBH_4$; (2) NaOH 6 N; (3) DIC/refluxo, 70%; (e) (1) $Hg(NO_3)_2$; (2) $NaBH_4$, NaOH, (3) DMP, CH_2Cl_2 , 78%; (f) (1) TFA/DCM; (2) H_2 , $Pd(OH)_2$ /C; (3) CCl_4 , PPh_3 , TEA, (52% para 3 etapas).

Os pontos fortes desta nova metodologia para a síntese assimétrica da (-) mirina são: (I) a conversão de **10** em **12** em um único processo, em 4 etapas; (II) a adição trans-selectiva de organocupratos às desidropiridonas **12** para obter as piperidinas trans-2,6-

dissubstituídas **13**; e (III) a desfosforilação do composto **13** em um único processo (Esquema-2).

III. (+)-Mytrine por Ben L. Feringa, 2008:[11]

Ben L. Feringa e colaboradores desenvolveram[11] um excelente protocolo para a síntese assimétrica de trans-2,6-dissubstituídas-4-piperidonas utilizando uma reação de adição conjugada enantioselectiva catalítica quiral em combinação com uma reação de litíase-substituição diastereoselectiva. Consequentemente, foi conseguida uma síntese eficiente da (+)-mirtina (**3**) através desta via (Esquema 3).

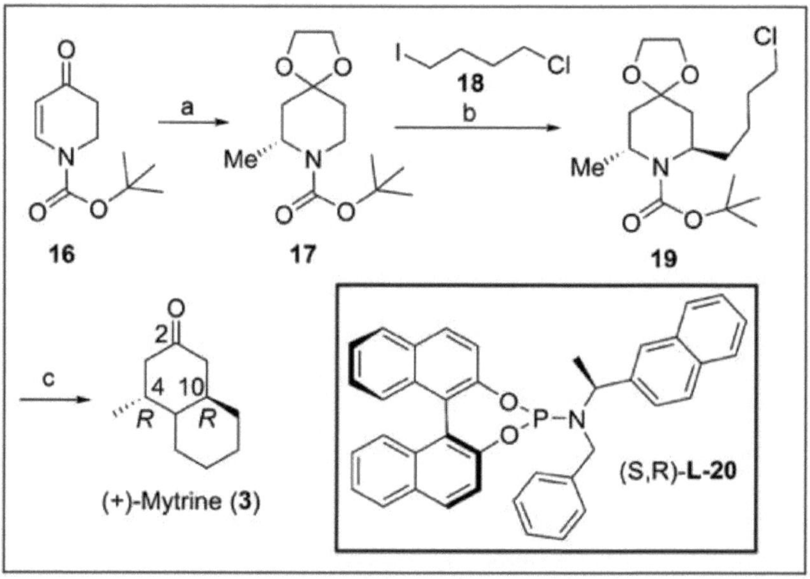

O composto **17**, com um excelente ee de 96%, foi isolado com um rendimento de 73%, quando o trimetilalumínio, Me_3Al, foi adicionado a **16** na presença de $Cu(OTf)_2$ e do ligando fosforamidítico quiral (S,R)-**L20** (Esquema-3). O composto **17** produziu de preferência o diastereómero *trans* 2,6 dissubstituído **19** exclusivamente (*trans:cis* = 99:1) como precursor de **3** após litiação com s-BuLi na presença de TMEDA, a -78° C, seguida de adição do eletrófilo **18**. A reação de desproteção das porções cetais e carbamato de **19** com HCl conc. em acetona aquosa sob refluxo, seguida de ciclização in situ, conduziu à (+)-mirtina (**3**) com 50% de rendimento (Esquema 3). O alcaloide natural (+)-mirtina **3** foi obtido em quatro etapas em 14%

Esquema 3: Síntese da (+)-Mitrina (4): Reacções e condições: (a) (1)Me$_3$ Al, Cu(OTf)$_2$ (5 mol%), (S,R)-**L-20** (10 mol%),Et$_2$ O, tolueno, -50^0 C; (2)PTSA (0,5 eq.), etilenoglicol, MS 3Å, tolueno, refluxo,(44% para 2 etapas);(b)s-BuLi, TMEDA, Et$_2$ O, -78° C, depois CuCN-2LiCl, THF,-78° C/-50° C, depois **18** (2.4 eq), -78° C/RT, 16 h, 62%; (c) conc. HCl, acetona, H$_2$ O, refluxo, 16 h, depois NaHCO$_3$, 0° C, 16 h, 50%.

rendimento global a partir de **16** (Esquema 3). Infelizmente, todos estes métodos convencionais não foram capazes de produzir os produtos naturais necessários em grande escala devido ao baixo rendimento das etapas de síntese e aos muitos subprodutos nocivos produzidos no ambiente. Por conseguinte, a eletroquímica poderia emergir como uma ferramenta sintética mais ecológica do produto natural.

1.1.3 Síntese eletroquímica:

Recentemente, Jean-Pierre Hurvois e colaboradores resolveram esse problema utilizando o kit de ferramentas electroquímicas[12] onde as condições de reação são comparativamente suaves e fáceis de manusear (Esquema 4X). A partir de um sal de amónio quaternário (**21**), o composto quiral (+)-**22** foi sintetizado aplicando a adição de um auxiliar quiral α-feniletilamina seguido da proteção do grupo ceto. Em seguida, a oxidação do tipo Shono do (+)-**22** foi realizada numa célula indivisa num elétrodo de carbono vítreo empregando Ep = +1,10 V na presença de eletrólito de suporte LiClO4 (0,2 M) e NaCN (2 equivalente). **22** confere um eletrão ao ânodo e gera um catião radical de amónio centrado no azoto (**I**, esquema-4Y). É interessante notar que ocorre uma transferência homogénea de electrões entre esse catião radicalar e o anião cianeto. Nesta reação, o ião cianeto actuou como uma base para produzir o radical α-amino (**II**, esquema-4Y), que foi novamente oxidado no ânodo para formar o catião imínio (**III**, esquema-4Y). Em seguida, o catião cianeto é capturado pelo catião (**III**, esquema-4Y) para formar o **composto-23**. Por outro lado, o gás hidrogénio foi gerado no outro elétrodo devido à redução catódica do solvente. Agora, a substituição de

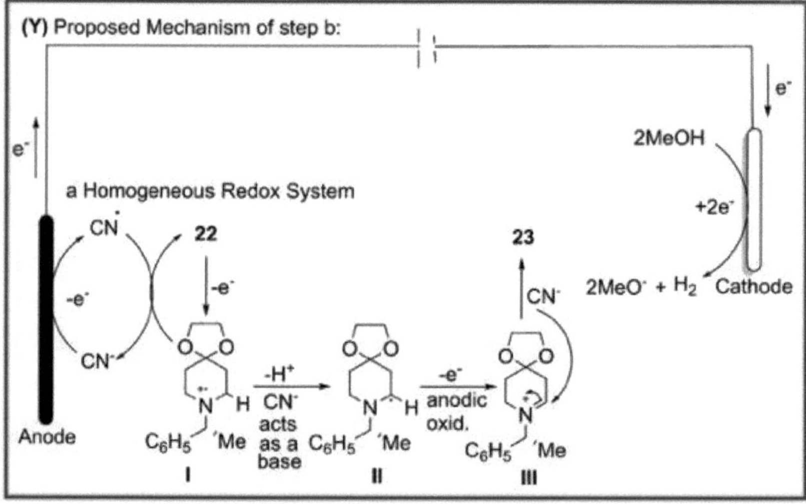

Esquema 4: Síntese da (+)-Mirtina: Reacções e condições: (a) (1) (+)-1-feniletilamina, H_2O/EtOH/ K_2CO_3 , refluxo, 3 h; (2) etilenoglicol, p-TsOH, tolueno, refluxo, 48 h; (b) elétrodo de carbono vítreo, Ep = +1,10 V, 2 equivalentes de NaCN, $LiClO_4$ -$3H_2O$ (0.2 M), MeOH; (c) (1) LDA, THF, -80 a 0 °C, 2 h, depois iodometano, -80 a -10 °C; (2)

NaBH$_4$, EtOH, 0 a 20 °C, 12 h; (3) 20% Pd/ C, H$_2$ (5 bar), MeOH, 72 h; (4) (Boc)$_2$ O, base de Hünig, acetonitrilo, refluxo, 4 h.

o grupo nitrilo por um grupo metilo e a construção de um anel quinolizidina com a estereoquímica adequada, obteve-se (+)-Mirtina (**3**) com [α]$_D^{22}$ +10,5 (c 0,9, CHCl$_3$) com rendimento satisfatório (Esquema 4).

1.2. (+)-241D: (alcaloide piperidina):

1.2.1. Fonte natural:

(+)-e (-)-241D (**25** & **26**) são isómeros em espelho com piperidina totalmente *cis-4-hidroxi-2*,6-dissubstituída. O alcaloide (+)-241D foi extraído dos extractos metanólicos da pele da rã venenosa do Panamá Dendrobates speciosus.[13] O epi-(-)-241D (**27**) também tem um anel piperidina cis-2,6 dissubstituído, mas o grupo 4-hidroxi está em *posição trans* no anel (Figura-3). É interessante notar que todos estes alcalóides à base de piperidina possuem uma vasta gama de actividades biológicas, incluindo propriedades insecticidas, anti-HIV, antibacterianas e antifúngicas.

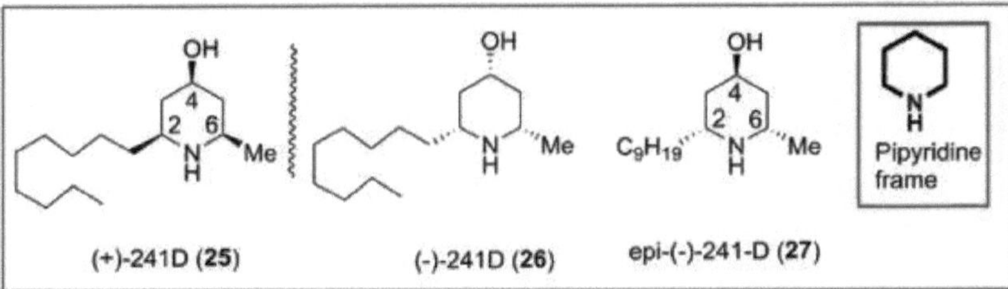

Figura-3. (+) e (-)-241D e epi-(-) 241D numa estrutura de piperidina.

1.2.2. Abordagem sintética anterior.

I. (+)-241D por Yves Troin, 2007:[14]

Yves Troin et.al. conseguiram sintetizar[14] (+)-241D (**25**) utilizando a preparação diastereoselectiva de estruturas de piperidinas 2,6-cis ou 2,6-trans dissubstituídas. O sistema de enona N-protegido **28** foi submetido a uma reação de Michael intramolecular estereosselectiva em metanol para obter a mistura separável dos diastereómeros **trans-29** e **cis-30 numa** proporção de 15/85 bem a favor do isómero cis. O grupo ceto em **28** foi protegido com acetal. Após a remoção do grupo acetal de **30** com uma solução aquosa a 40% de ácido trifluoroacético à temperatura ambiente, obtêm-se as piperidonas correspondentes 31 com excelente rendimento. A N-Deprotecção da piperidona 31, seguida de redução estereosselectiva utilizando $NaBH_4$, deu origem exclusivamente ao (+)-alcaloide 241D (25). O rendimento global do (+)-alcaloide 241D, 25 é de 16% com um de > 95% e um ee de 92% (Esquema 5).

Esquema 5: Síntese de (+)-241D: Reacções e condições: (a) $(CH_3 O)_3$ CH, p-TsOH, 72%; (b) $TFA/H_2 O$, $CH_2 Cl_2$, Quant.; (c) (1) Pd/C (5%), MeOH, H_2 , 1 atm; (2) $NaBH_4$, MeOH, 84% para 2 etapas.

II. (+) e (-)-241D por S.K. Chattopadhyay, 2012:[15]

S. K. Chattopadhyay e os seus colaboradores anunciaram com tato[15] a síntese enantiodivergente de ambos os enantiómeros do alcaloide dendrobato (+)-241D (25) e (-)-241D (26) numa abordagem bidirecional sequencial que envolve a cicloadição intramolecular de nitrona como passo fundamental (Esquema 6). A *anti-homoalil* amina 35a (de 51%) e a *sin-homoalil* amina 35b (de 65%), diastereomericamente puras, foram preparadas a partir da imina intermediária instável 34, por adição de brometo de alil zinco e brometo de alil magnésio, respetivamente, a baixa temperatura e com muito bom rendimento. A oxidação de 35a e 35b foi realizada utilizando o tungstato de sódio-H O_{22} para obter a Z-nitrona 36a e 36b, respetivamente, como um único isómero em alto rendimento (Esquema 6). Agora, a cicloadição intramolecular de nitrona (INC) da nitrona 36a procedeu sem esforço em refluxo com tolueno para aceder ao cicloaduto (2S,4R,6R)-37a como único produto isolável. Do mesmo modo, outra Z-nitrona 36b foi convertida no cicloaduto (2R,4S,6S)-37b **com um** rendimento moderado. Tendo acesso aos

16

cicloadutos espelhados desejados **37a** e **37b**, o substituinte vinílico de ambos os isómeros **37a** e **37b** foi sinteticamente transformado no diol metilado necessário **38a** e **38b** através de uma sequência de cinco etapas, por exemplo, osmilação por OsO4, clivagem periodificada do diol em aldeído seguida de redução, mesilação do álcool primário, remoção redutora da moidade do mesilato e desproteção mediada por ácido da porção de dioxolano. Os dois dióis isoméricos **38a** e **38b** foram convertidos sequencialmente em **39a** e **39b** por clivagem oxidativa dos dióis em grupos formilo, olefinação de Wittig in situ com um sal de fosfónio de oito carbonos e saturação da ligação olefínica neste último utilizando H_2-Pd-C. No final, a clivagem redutora da ligação N-O em **39a** com zinco em ácido acético forneceu (-)-241D (**26**) como é evidente a partir da comparação de dados de rotação ótica e[1] H-NMR, massa e[13] C-NMR valor. O enantiómero (+)-241D (**25**) foi também obtido a partir de **39b** de forma análoga. A síntese completa decorreu numa sequência linear de 12 etapas a partir do aldeído **32** de partida para o (-)-241D, e em igual número de etapas para o isómero (+)-, sendo os rendimentos globais de quase 16% para ambos os isómeros (Esquema 6).

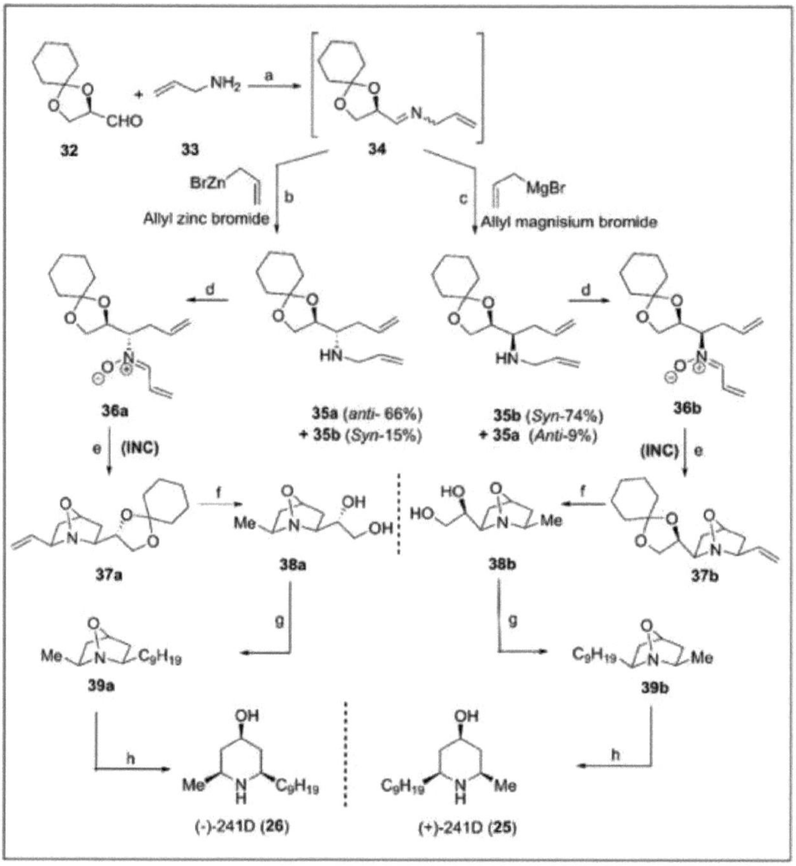

Esquema 6: Síntese de (+) e (-)-241D: Reacções e condições: (a) Alilamina,**33,** $MgSO_4$, THF, RT; (b) Brometo de alil zinco, THF, -30° C, 66% (*Anti-*) para 2 etapas ; (c) Brometo de alil magnésio, THF, -30° C, 74% (*Syn-*) para 2 etapas; (d) H O_{22} , $NaWO_4$, 84% **36a** e 86% **36b**; (e) Tolueno, refluxo, 65% **37a** e 62% **37b**; (f) (1) OsO_4 , NMNO; (2) $NaIO_4$ e depois $NaBH_4$; (3)MsCl, Et_3 N; (4) $NaBH_4$; (5) HCl, 51% para 5 etapas; (g) (1) $NaIO_4$; (2) C H_{817} PPh_3^+ Br⁻ , BuLi; (3) H_2 ,Pd-C, 81% **39a** e 85% **39b** para 2 etapas; (h) Zn, AcOH, RT, 92%.

1.2.3 Síntese eletroquímica.

Utilizando a oxidação anódica do tipo Shono de N-α-feniletilamina piperidina-4-ona ceto-protegida, realizada numa célula indivisa num elétrodo de carbono vítreo a Ep = +1,10 V na presença de 2 equivalentes de cianeto de sódio, o grupo de Jean-Pierre Hurvois sintetizou[12] α-amino nitrilo (**23**) a partir do método eletroquímico **22**, como se indica no esquema 4X. Os pormenores mecanísticos deste passo-chave também já foram discutidos no esquema 4Y. Agora, a substituição do nitrilo por um grupo metilo e a manipulação inteligente do grupo funcional permitiram obter o alcaloide (+)-241D (**25**) com $[\alpha]_D^{22}$ + 6,8 (c 0,5, EtOH) com 80% de rendimento (Esquema 7).

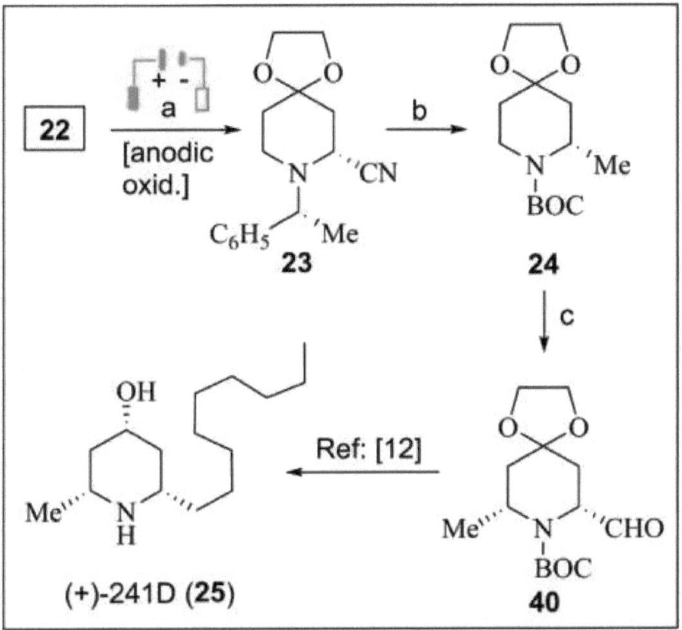

Esquema 7: Síntese de (+)-241D: Reacções e condições: (a) MeOH/LiClO$_4$ -3H$_2$ O (0.2 M), elétrodo de carbono vítreo, NaCN 75 mM; (b) (1) LDA, THF, -80 a 0 °C, 2h, depois iodometano, -80 a -10 °C; (2) NaBH$_4$, EtOH, 0-20 °C, 12h; (3) 20% Pd/C, H$_2$ (5 bar), MeOH, 72h; (4) (Boc)$_2$ O, base de Hünig, acetonitrilo, refluxo, 4h, (c) (1)ⁿ BuLi (1.5 equiv.), TMEDA (1,5 equiv.), Et$_2$ O, -80 a -65 °C, 3h; em seguida, DMF (2,5 equiv.), -80 °C a RT, 12 h; (2) Et$_3$ N, gel de sílica, éter dietílico, 60h, RT.

1.3. (+)-O-metiltalibrina : (Alcaloide de isoquinolina).

1.3.1. Fonte natural:

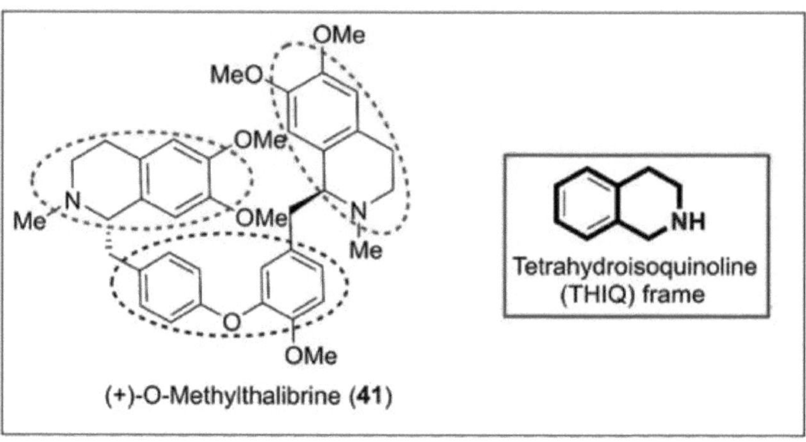

A (+)-O-metiltalibrina (**41**) tem uma estrutura única que contém uma estrutura de bis(benzilisoquinolina) e um segmento de éter aril-arílico no núcleo (Figura 4). Além disso, os alcalóides diméricos (+)-O-metiltalibrina com dois fragmentos de tetrahidroisoquinolina (THIQ) foram isolados das raízes do abeto-dos-prados, que pertence à família do Thalictrum.[16] É extraída principalmente de Thalictrum faberi[17a] e Thalictrum minus raça B.[17b] Este produto natural é utilizado para a fitoterapia[18] [8] de problemas respiratórios, incluindo dor e tosse devido a inchaço à volta dos pulmões. Embora uma investigação exaustiva da farmacologia esteja para além do âmbito deste livro.

Figura-4. (+)-O-metiltalibrina em duas estruturas de tetrahidroisoquinolina (THIQ) com ligação de éter diarílico.

1.3.2. Abordagem sintética anterior.

I. (+)-O-metiltalibrina por Till Opatz, 2011:[19]

Till Opatz e colaboradores[19] comunicaram a primeira síntese enantioselectiva da (+)-O-metiltalibrina (**41**) aplicando a alquilação de uma fração α-nitrilo-isoquinolina seguida de redução assimétrica com o catalisador de Noyori (esquema 8).[20] Em seguida, o acoplamento Ullmann entre dois segmentos de benzilisoquinolina opticamente activos permitiu obter (+)-O-metiltalibrina (**41**). Para a realização desta síntese total, a 1,2,3,4-

tetrahidroisoquinolina-1-carbonitrilo **43** foi preparada a partir da homoveratrilamina **42** em três etapas e com um rendimento de 52-59%. Ambas as unidades de benzilisoquinolina na (+)-O-metiltalibrina (**41**) foram obtidas a partir do composto **43**, que foi desprotonado com uma base forte não nucleofílica KHMDS em THF a uma temperatura muito baixa e α-alquilado com halogenetos de benzilo meta e/ou para-substituídos **44** para obter 3,4-di-hidroisoquinolinas **45a** e **45b** (Esquema 8) com um rendimento excelente. A redução enantioselectiva da parte da ligação dupla C=N por hidrogenação com o catalisador Ru-Ts-DPEN **46** de Noyori **permite obter** as tetrahidroisoquinolinas individuais N-não substituídas[20] **47a** em 39% com 95% ee e **47b** em 90% com 96% ee (Esquema 8). A N-metilação com NaBH4 e formaldeído de **47a** e

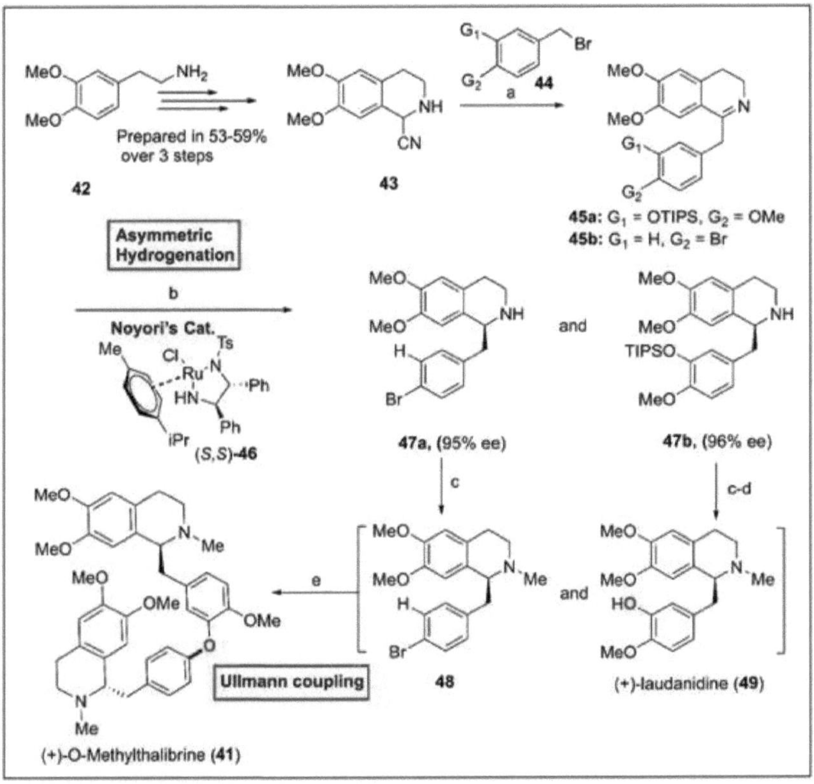

Esquema 8: Síntese de (+)-O-metiltalibrina:Reacções e condições: (a) [(CH$_3$)$_3$ Si]$_2$ NK (KHMDS), THF, -78° C, depois adicionar **44**; (b) cat. (*S,S*)-**46** (2-3 mol%), HCO$_2$ H,

Et$_3$ N, **47a** 39% e **47b** 90%; (c) CH$_2$ O, NaBH$_4$, MeOH, **48** 97%; (d) TBAF, THF, **49** 87%; (e) [**48+49**],CuI, Cs$_2$ CO$_3$, DMF, N,N-dimetilglicina, 160° C, 51%.

A remoção adicional de TIPS- em **47b** permitiu obter bromobenzilisoquinolina **48** (97%) e (+)-laudanidina **49** (87%), respetivamente, como os precursores necessários para o acoplamento Ullmann final, que produziu (+)-O-metiltalibrina **41** com 51% de rendimento (Esquema-8). O $[\alpha]_D^{25}$ do produto natural sintético é +79,2 (CHCl$_3$), enquanto o $[\alpha]_D^{25}$ do isómero natural é +82 (CHCl3). Do mesmo modo, os valores de[1] H-NMR, Massa e[13] C-NMR estão também bem coordenados com a fonte natural.

Infelizmente, existem muito poucos relatos na literatura sobre a síntese do produto natural (+)-O-metiltalibrina com baixos rendimentos e isómeros de regioes errados. Para a sua síntese, são frequentemente utilizados muitos reagentes estequiométricos e catalisadores de metais de transição e, consequentemente, formam-se subprodutos nocivos em cada etapa.

1.3.3. Síntese eletroquímica.

Recentemente, Nishiyama et al. omitiram a reação de Ullmann, extremamente difícil e de baixo rendimento, através da conversão eletroquímica de fenóis substituídos em éteres diarílicos[21] (Esquema 9).

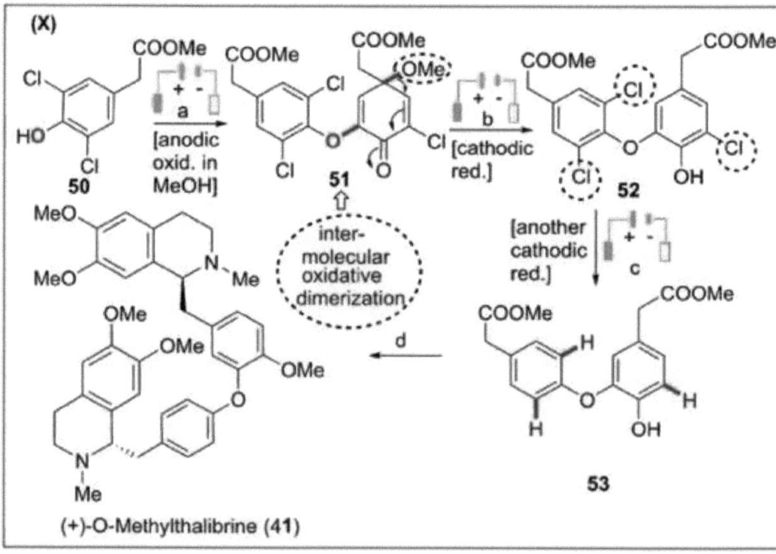

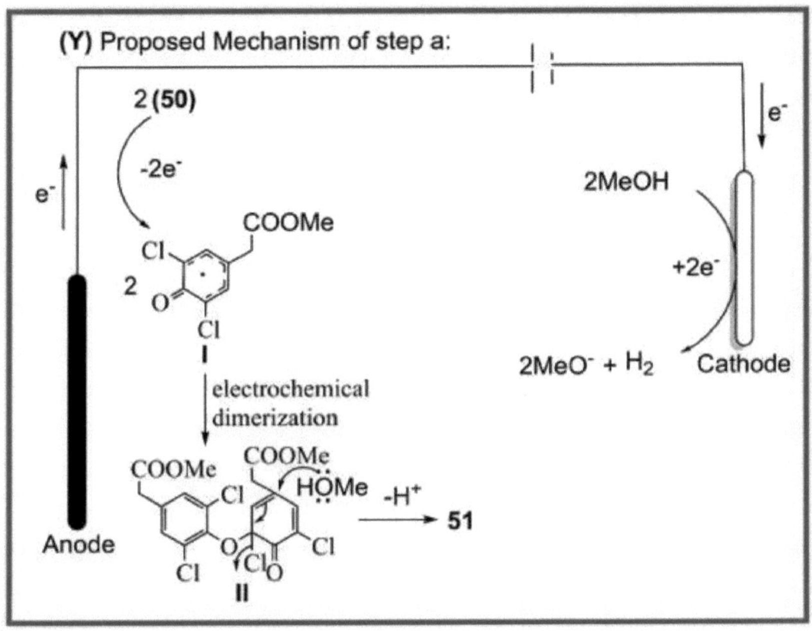

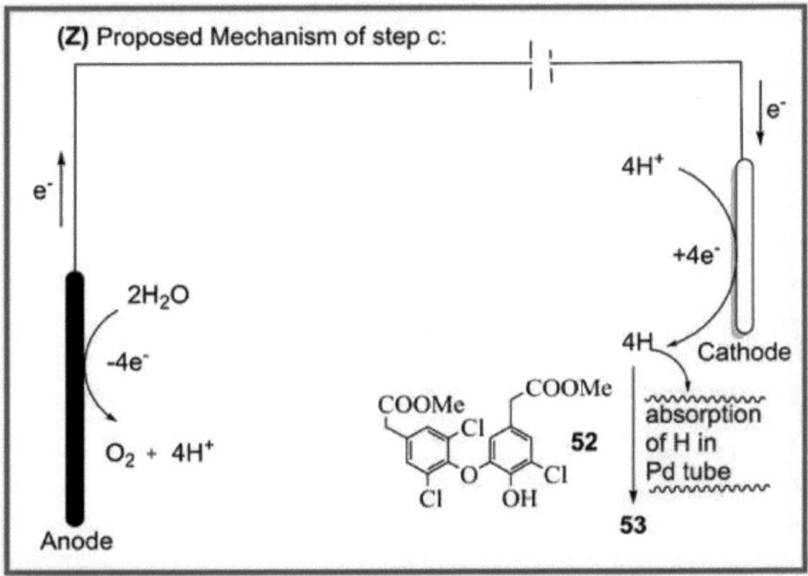

Esquema 9: Síntese da (+)-O-metiltalibrina: Reacções e condições: (a) Oxidação anódica: Pt (+) - Pt (-), 10 mA/cm² , MeOH, RT (Temperatura ambiente); (b) Redução

catódica: Zn (+) - Zn (-), 10 mA/cm^2 , MeOH, RT; (c) Eletrólise em célula de fluxo: Cátodo Pd, Ânodo Pt, 62,5 mA/cm^2 , 0,8 mL/min, MeOH, 1 (M) H$_2$ SO$_4$; (d) Ver referência:-[21].

A cloração eletroquímica do 2-(4-hidroxifenil)-acetato de metilo foi efectuada com iões Cl$^+$ gerados anodicamente, utilizando n-Bu$_4$ NCl como fonte de cloro, com uma diferença de potencial [V vs. SCE] de 1,02-1,04 V em solvente acetonitrilo, para obter o derivado fenólico clorado (**50**). A oxidação anódica de **50** em metanol produziu o produto de acoplamento desejado (**51**), enquanto o gás hidrogénio foi libertado devido à redução catódica do solvente. O derivado de fenol clorado (**50**) doa um eletrão ao ânodo para produzir um radical fenólico **-I**, (Esquema 9Y) que se acopla a outro radical (**I**) para gerar o éter diarílico **intermediário-II** (Esquema 9Y). Este último liberta imediatamente um protão para dar o correspondente produto **dimerizado-51**. Em seguida, procedeu-se à redução catódica para converter **51** no desejado éter diarílico substituído com cloro (**52**).[21] Para obter **53**, o **composto-52** foi desalogenado utilizando uma eletrólise de célula de fluxo única aplicando o cátodo Pd e o ânodo Pt (62,5 mA/cm2, 0,8 mL/min) em solvente metanólico H$_2$ SO$_4$ (Esquema 9Z). O hidrogénio gerado electroquimicamente foi absorvido no tubo de Pd, no interior do qual foi realizada a hidrogenação de **52** para produzir éter diarílico (**53**). A metilação de **53** seguida de saponificação forneceu um segmento necessário para a reação de Bischler-Napieralski. A reação entre esse segmento e a (S)-N-(3,4-dimetoxifenetil)-1-fenil-etanamina produziu o correspondente produto bis(amida) com elevado rendimento. Em seguida, a manipulação inteligente dos grupos funcionais conduziu a uma mistura de estereoisómeros que apresentam o produto natural opticamente ativo separável desejado (**41**), (Esquema 9) com $[\alpha]_D^{23}$ +76,2 (c = 0,36, CHCl3).

1.4. Tebaína: (alcaloide isoquinolina).

1.4.1. Fonte natural:

A (-)-tebaína (**54**) é um alcaloide opiáceo que foi isolado da papoila do ópio. A tebaína (**54**) pertence a um alcaloide pentacíclico único à base de éter metil enol, com um anel de isoquinolina como segmento central básico, tal como acontece com outro alcaloide morfinano semissintético, a (-)-Oxicodona (**55**) (Figura 5). O enantiómero natural da (-)-tebaína é bastante inativo em comparação com o seu outro enantiómero. No entanto, apresentam propriedades analgésicas devido à semelhança química com a morfina e a codeína. Apresenta um efeito analgésico através da ligação seguida de estimulação dos receptores opióides no sistema nervoso central e imita o comportamento das endorfinas para suprimir a dor desde o período egípcio. Além disso, a tebaína pode ser convertida industrialmente numa variedade de compostos, através de desmetilação, oxidação, hidroxilação, que têm mais actividades terapêuticas potenciais.[22]

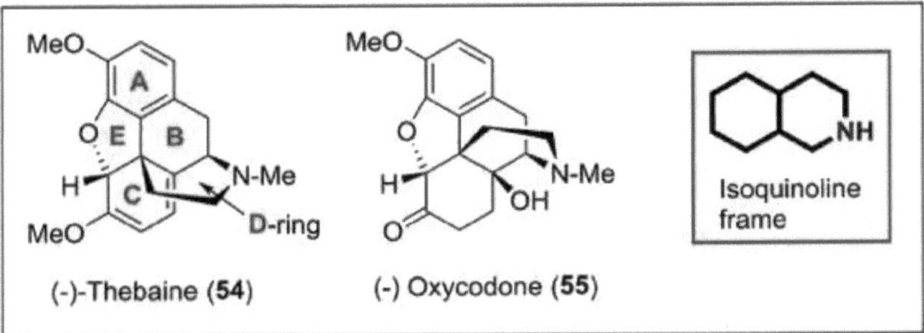

Figura-5. (-)-Tebaína e (-)-Oxicodona em estrutura de isoquinolina (IQ).

1.4.2. Abordagem sintética anterior.

I. (-)-Thebaine por Till Opatz, 2014:[23]

Till Opatz utilizou elegantemente o protocolo assimétrico de transferência de hidrogénio de[23] Noyori[19] utilizando RuCl[(*S,S*)-TsDPEN](p-cimeno) (*S*,**S-46** no esquema 8) como catalisador para obter **58** com 68% de rendimento e 95% de ee estabelecido por HPLC quiral a partir de **56** e **57**. O intermediário crucial **59** para a próxima etapa crítica de ciclização foi obtido após alcoxicarbonilação de **58** com cloroformato de metilo, seguida de redução de Birch com Li e NH líquido₃ . O composto **58** foi então imediatamente investigado por ciclização de Grewe para criar o anel-D com esqueleto de morfina de **60**, que transportava dois novos centros estereogénicos com geometria definida em 88% de rendimento em duas etapas (esquema 10). No entanto, a utilização de brometo de cobre (II) como agente brominante na posição α da cetona em **60** permitiu fechar a ponte de éter do anel E para obter **61a** em excelente rendimento. A bromação parcial (~50%) em C-1 nessa fase não pôde ser evitada devido à elevada densidade eletrónica no anel aromático C, dando origem ao composto bromado **61b** juntamente com **61a** (Esquema 10). A detrifilação/desalogenação catalisada por Pd de **61a** e **61b** utilizando ácido fórmico como fonte de hidreto não tóxico e pouco dispendioso, o produto necessário **62** foi obtido após redução estéreo-selectiva por DIBAL na fase posterior com um rendimento muito bom.

Finalmente, o composto 62 foi convertido em (-)-tebaína (**54**) em cinco etapas (67% de rendimento global) por procedimentos conhecidos.[23]

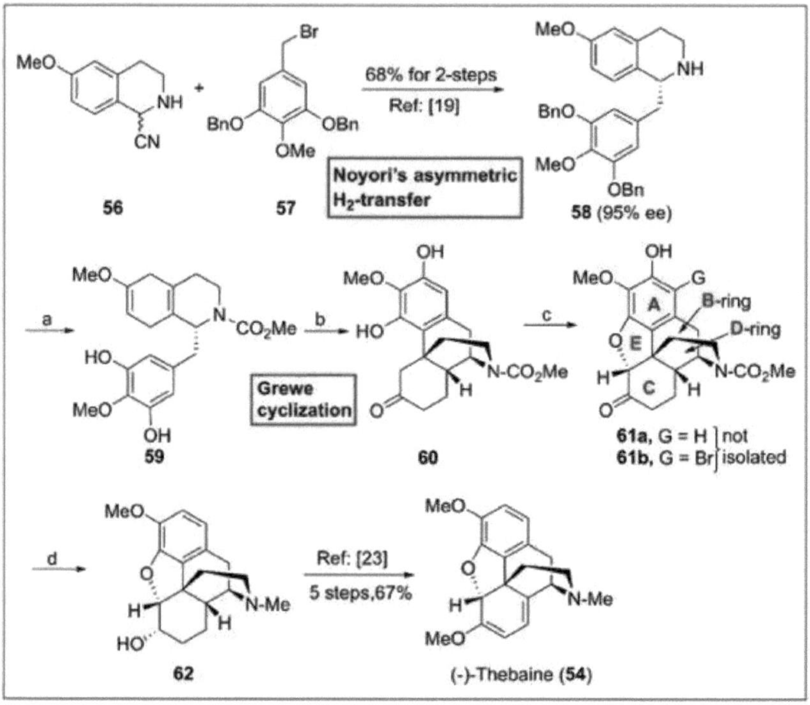

Esquema 10: Síntese da (-)-tebaína: Reacções e condições: (a) (1) ClCO₂ Me, Et₃ N, THF, quant.;(2) Li/NH₃ ,*t-BuOH*, -78° C; (b) HCl, Et₂ O, Refluxo, 88% para 2 etapas; (c) (1) CuBr₂ , CHCl₃ -EtOAc; (2) 0,5 M NaOH, 93%; (d) (1) Tf₂ O, Py; (2) Cat. Pd(PPh)₃₄, HCO₂ H, Et₃ N, DMF, 60° C; (3) DIBAL, THF, 0° C-RT, 63% em 3 etapas.

II. (-)-Tebaína por Lorenzo V. White, 2023:[24]

Lorenzo V. White et. al. anunciaram uma síntese total em sete etapas do produto natural (-)-tebaína (**54**) a partir do derivado de brometo de estireno *configurado em* Z **63** e do álcool alílico opticamente puro **64**, que pode ser obtido a partir de materiais de partida simples e comercialmente disponíveis (Esquema 11). Os blocos de construção **63** e **64** foram montados através de uma inversão de configuração de Mitsunobu para obter o éter alil arilo **65** com um rendimento de 84%. O precursor tetracíclico **66** para a estrutura do morfinano foi preparado através da utilização inteligente de uma reação Heck intramolecular dupla em **65**, utilizando o catalisador Pd em tolueno refluxante, com um bom rendimento. Mais uma vez, uma outra reação do tipo hidroaminação intramolecular inteligente e simples induzida por luz LED em **66**, ofereceu a piperidina **67** que incorpora a estrutura pentacíclica completa para o objetivo de **54** com um rendimento muito bom. No final, o composto **67** foi convertido em (-)-tebaína (**54**) por manipulação do grupo funcional através da oxidação alílica, formação de éter enol metílico no anel C do núcleo pentacíclico por metilação com sulfato de dimetilo e redução com LiAlH₄ em THF refluxante, respetivamente, com um rendimento de 32 % em três etapas (esquema 11).

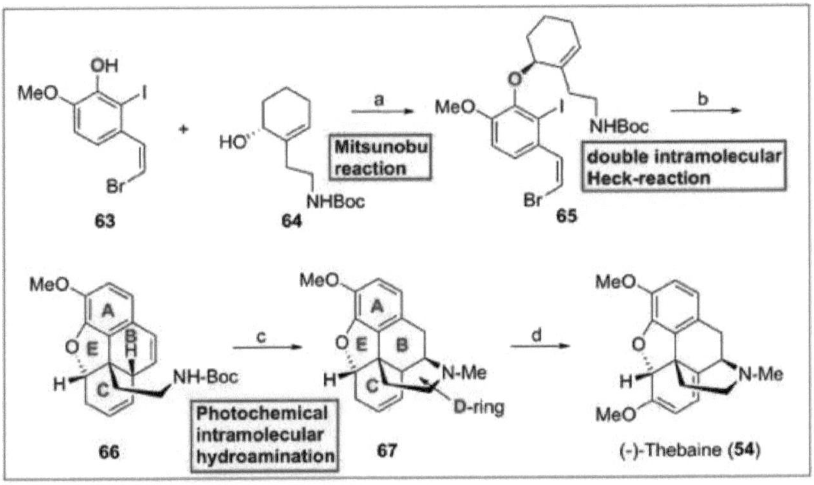

Esquema 11: Síntese da (-)-tebaína: Reacções e condições: (a) DEAD, Bu₃ P, THF/Tolueno, 84%; (b) PdCl₂ dppf. CH₂ Cl₂ , Ag₂ CO₃ , PhMe, 112° C, 65%; (c) Cat. [Mes-Acr] [BF₄], PhSH, LED 456 nm, DCE, RT, 10 h, 82%; (d) (1) PhIO₂ , 1,2-di-(piridn-2-il), disselano, PhH, 80° C; (2) (MeO)₂ SO₂ , t-BuOK, NMP/THF, RT, 76%; (3) LiAlH₄ , THF, 66° C, 32% para 3 etapas.

1.4.3 Síntese eletroquímica.

Recentemente, Till Opatz e colaboradores utilizaram elegantemente a conversão eletroquímica isenta de reagentes[25] , regio- e diastereoselectiva da tebaína racémica e da sua (-) tebaína natural, ou seja, do (-)-enantiómero, com um excelente rendimento, evitando oxidantes estequiométricos extremamente agressivos. O derivado trioxigenado da loudanosina (±)-**71** foi sintetizado a partir do (±)-**70** e foi submetido à formação intramolecular regio- e diastereoselectiva e anódica de ligações aril-aril- 4a-2' C-C[26] utilizando eletrólise de corrente constante em solvente acetonitrilo e uma pequena quantidade de ácido tetrafluorobórico em célula indivisa de eléctrodos de Pt (i = 2,0 mA/cm^2, Q = 2,2 F). O mecanismo para este tipo de reação foi compilado por Waldvogel e colaboradores.[27]

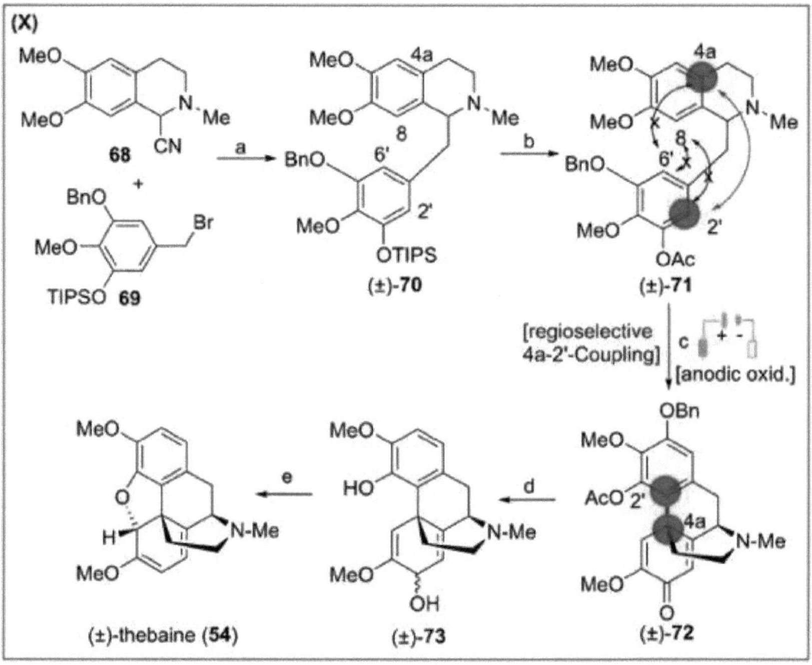

Esquema 12X: Síntese da (+/-)-Tebina: Reacções e condições: (a) one-pot com i) KHMDS, THF, 0 °C; ii) brometo 4, 0 °C, RT; iii) NaCNBH$_3$, EtOH, HOAc, RT; (b) (1) TBAF, THF, RT; (2) AcCl, Et$_3$ N, DMAP, CH$_2$ Cl$_2$, RT; (c) Célula indivisa, eléctrodos de Pt, I =2.0 mA/cm^2, Q = 2,2 F, MeCN, HBF$_4$, 0 °C; d) (1) Pd/C, 1,4-ciclohexadieno, EtOH, 35 °C; (2) Tf$_2$ O, piridina, 0 °C; (3) Pd(PPh)$_{34}$, Et$_3$ N, HCO$_2$ H, DMF, 60 °C; (4) K$_2$ CO$_3$, MeOH, RT; (5) CeCl$_3$ .7H$_2$ O, NaBH$_4$, MeOH, 0 °C; e) N,N-dimetilformamida dineopentilacetal, dioxano, 80 °C.

Neste caso, o acoplamento aril-aril oxidativo de (±)-**71** (ou **74**) teve lugar no ânodo e o gás hidrogénio evoluiu no cátodo. A desproteção selectiva e seguida de ciclização intramolecular (S$_N$ 2') de (±)-**73** deu origem a (±) tebaína (**54**) (Esquema 12X). Do mesmo modo, a síntese subsequente da (-) tebaína (**54**) foi efectuada com um rendimento aceitável (Esquema 12Y) de forma análoga. Na maior parte das vezes, a (-)-tebaína é produzida nas indústrias químicas seguindo o procedimento descrito na patente americana US6376221B1, datada de 23 de abril de 2002, por Fist et. al.

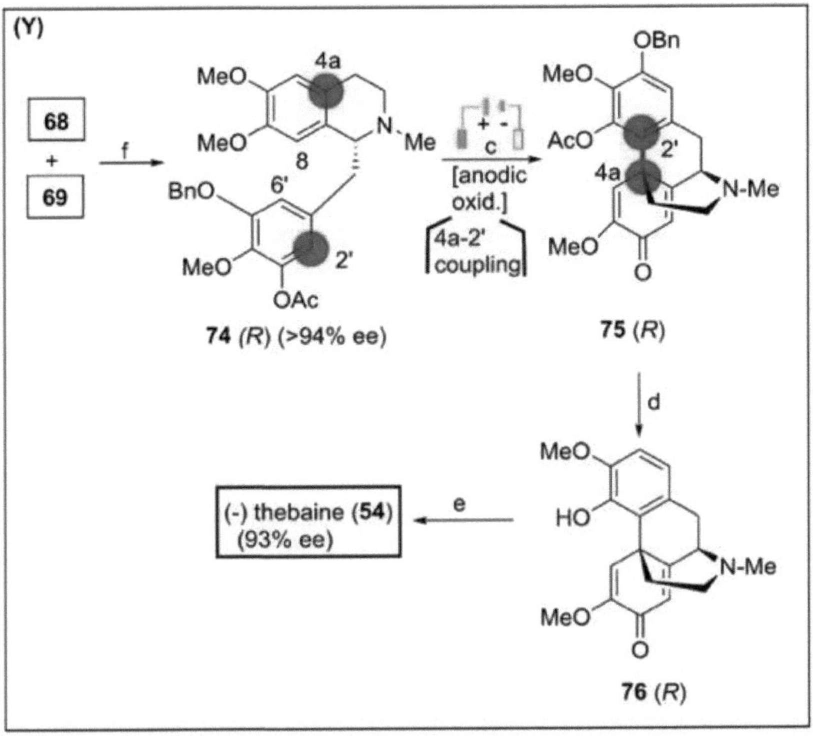

Esquema 12Y: Síntese da (-)-Tebina: Reacções e condições: (f) one-pot com (1) KHMDS, THF, -78 °C; (2) brometo 4, -78 °C, RT; (3) RuCl(p-cymene)[(S,S)-Ts-DPEN], HCO$_2$ H, Et$_3$ N, DMF, 0 °C, RT; (4) HCHO, NaBH$_4$, MeOH, 0 °C; (5) TBAF, THF, RT; (6) AcCl, Et$_3$ N, DMAP, CH$_2$ Cl$_2$, RT; c), d) & e) as condições são as indicadas no esquema 12X.

1.5. (-)-Oxicodona: (alcaloide isoquinolina).

2.5.1. Fonte natural:

A (-)-oxicodona (**55**) é um alcaloide morfinano semissintético que contém um di-hidrobenzofurano e um núcleo de piperidina. Deriva de outro alcaloide natural, a tebaína, cuja fonte é a papoila do ópio. No entanto, a oxicodona também se encontra na natureza.[28] O isómero natural (-)-oxicodona (**55**) na fig-5 tem uma estrutura pentacíclica à base de ciclo-hexanona, na qual está presente uma rede de fenantreno opticamente ativo. Embora a oxicodona e a morfina tenham uma estrutura bastante semelhante, a oxicodona é prescrita como um analgésico mais eficaz para o controlo da dor em doentes com cancro devido à sua bioatividade oral muito mais elevada do que a morfina.[29] Por conseguinte, a oxicodona ou os seus derivados são um alvo sintético apelativo para a sociedade química devido à sua excelente relação estrutura-atividade.

1.5.2. Abordagem sintética anterior.

I. (-)-Oxycodone por Tohru Fukuyama, 2014:[30]

A primeira síntese total de (-)-oxicodona (**55**) foi relatada por Fukuyama[30] no final de 2014 a partir de materiais comercialmente disponíveis por meio de uma arilação intramolecular direta catalisada por paládio de um brometo de arila, desaromatização oxidativa, adição intramolecular de Michael, rearranjo de Hofmann / cascata de lactamização (Esquema 13). Assim, o composto **77** foi preparado numa forma pura e foi submetido à reação de Heck intermolecular utilizando acetato de paládio (15 mol %) e trifenilfosfina na presença de carbonato de potássio para obter o produto **78** com um excelente rendimento de 98% após a conversão em três etapas, incluindo a redução da fração éster, a acetilação do álcool primário resultante e a clivagem redutora do éter benzílico com um bom rendimento e preservação da pureza ótica. Em seguida, o grupo hidroxi C-14 foi instalado em **78** através de desaromatização oxidativa com $PhI(OAc)_2$ em HFIP para dar a dienona **79** como único produto isomérico desejado com um rendimento de 69% (Esquema 13). Este último foi submetido a hidrogenação selectiva no local catalisada por ródio e a acilação da funcionalidade do álcool terciário com cloreto de metilmalonilo, obtendo-se a enona **80,** precursora da adição de Michael. Procedeu-se então a uma adição de Michael intramolecular suave no tratamento de **80** com carbonato de césio em acetonitrilo para produzir a lactona desejada **81** com um carbono quaternário benzílico após desalcoxicarbonilação do éster β-ceto e subsequente remoção do éter metoximetil em alto rendimento. O dihidrobenzofurano e o anel piperidina necessários foram incorporados sequencialmente para a construção do esqueleto morfinano através de um rearranjo de Hofmann mediado por (diacetoxiiodo) benzeno, seguido de hidrólise do isocianato resultante, que deu origem a uma amina primária, que atacou imediatamente a lactona para formar a lactama desejada **83** com um rendimento bastante bom. A redução da lactama em **83** e a subsequente metilação da amina resultante produziram o diol **84**, que foi finalmente convertido em (-)-oxicodona, **55** através da oxidação do álcool secundário à cetona com periodinano de Dess-Martin (DMP) (Esquema 13). Os dados espectroscópicos da (-)-oxicodona assim preparada são consistentes com os relatados na literatura.

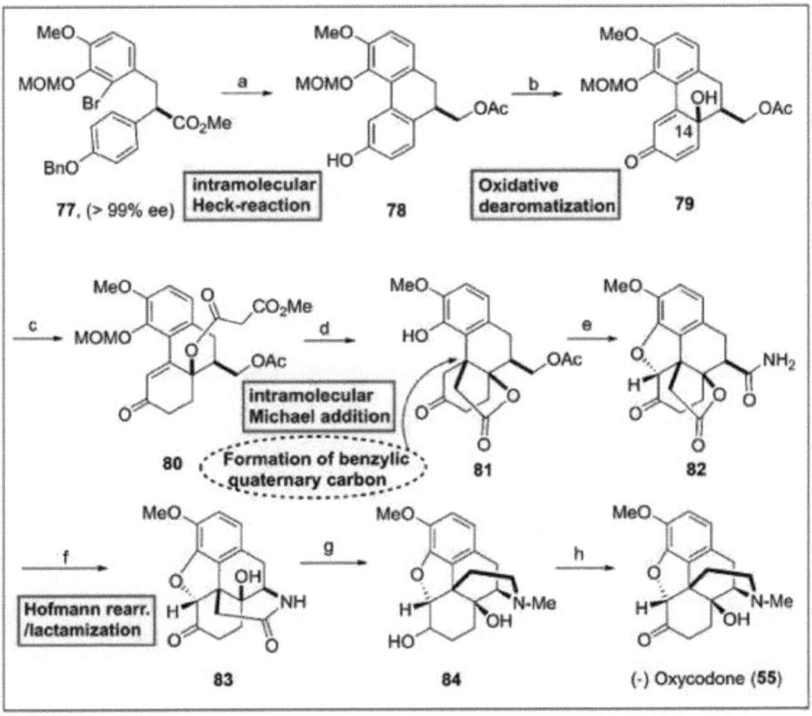

Esquema 13: Síntese da (-)-Oxicodona: Reacções e condições: (a)(1) Ph(OAc)₂ , Ph₃ P, K₂ CO₃ , 1,4-dioxano, 100° C; (2) LiAlH₄ , THF; (3) Ac₂ O, Piridina; (4) H₂ ,Pd-C, MeOH, 88% (4 etapas); (b) PhI(OAc)₂ , HFIP, H₂ O, 69%; (c) (1) H₂ (200 psi), RhCl(PPh)₃₃ , PhH; 50° C, 86%; (2) Cl-(C=O)-CH -CO₂₂ Me, Piridina, CH₂ Cl₂ , RT, (d) (1) Cs₂ CO₃ , MeCN; (2) NaCl, H₂ O, DMSO, 120° C; (3) TFA, CH₂ Cl₂ , 80 % (4 etapas); (e) (1) Py-HBr₃ ,CH₂ Cl₂ -AcOH, RT; (2) Et₃ N, Li, MeCN; (3) K₂ CO₃ , MeOH, RT; (4) CrO₃ , H₂ SO₄ , Acetona-H₂ O, 0° C a RT; (5) DMTMM, NH₃ , aq.MeOH, RT, 60% (2

etapas); f) PhI(OAc)$_2$, MeCN-H$_2$ O, 78%; g) (1) BH$_3$ -THF, THF, MeOH, refluxo; (2) AcOH, HCHO, aq. NaBH(OAc)$_3$; h) DMP, CH$_2$ Cl$_2$, RT, 46% (2 etapas).

II. (-)-Oxycodone por David Y.-K. Chen, 2018:[31]

Chen e os seus colaboradores desenvolveram uma síntese total orientada para o alvo para aceder a uma estrutura fenantrénica opticamente ativa para a síntese dos alcalóides morfinanos (-)-oxicodona (**55**), na qual utilizaram sabiamente o protocolo de ciclização radicalar foto-redox para instalar o estereocentro de carbono quaternário, e uma detosilação redutora de fase tardia com formação concomitante do anel de piperidina assegurou a estrutura central da molécula alvo (Esquema 14).[31]

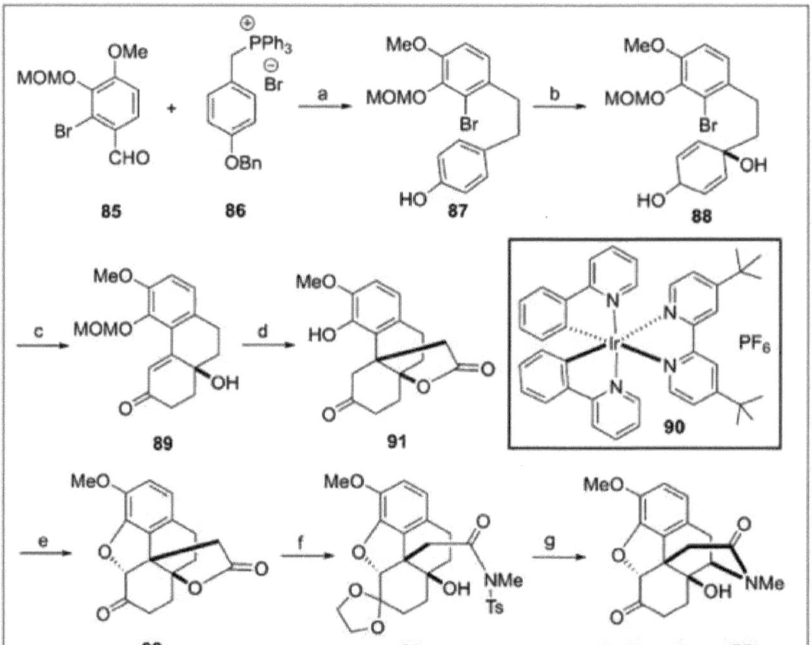

Esquema 14: Síntese da (-)-Oxicodona: Reacções e condições:(a) (1)NaH (3,5 equiv.), THF, 85%; (2) Pd/C, H$_2$, EtOAc/MeOH (4 : 1), RT, 1 h, 70%; (b) Iodo hipervalente (PIDA)(1.2 equiv.), MeCN/H$_2$ O (1 : 1), 0° C, 2 h, 66%; c) (1) Pd(OAc)$_2$ (0,15 equiv.), K$_2$ CO$_3$ (3,0 equiv.), PPh$_3$ (0,3 equiv.), tolueno, refluxo, 24 h, 80%; (2) Rh(PPh)$_{33}$ Cl (0,05 equiv.), H$_2$, benzeno, RT, 12 h, 78%; d) (1) NIS (6,0 equiv.), éter etílico vinílico (8,0 equiv.), CH$_2$ Cl$_2$,-20° C à RT, 12 h; (2) Cat. **90** i.e. [Ir(ppy)$_2$ (dtbbpy)]PF$_6$ (0.03

equiv.), iPr$_2$ NEt (10 equiv.), lâmpada de 12 W, MeCN, 36 h, 57% para 2 etapas; OR Et$_3$
B (1.3 equiv.), nBu$_3$ SnH (1.3 equiv.), ar, benzeno, RT, 12 h, 62% para 2 etapas; (3)
mCPBA (1,8 equiv.), BF$_3$ -OEt$_2$ (2,0 equiv.), CH$_2$ Cl$_2$, 0° C, 1 h, 75%; (e) PyHBr$_3$ (1.1
equiv.), CH$_2$ Cl$_2$ / AcOH (1 : 3.4), RT, 30 min; depois LiBr (6.1 equiv.), Et$_3$ N (1.6 equiv.),
CH$_3$ CN, 60° C, 10 min, 64%; f) (1) HO (CH$_2$)OH, TMSCl, 76%; (2) MeNH$_2$, 86%; (3)
LiAlH$_4$, THF; depois TsCl, 66%; g) (1) NBS; depois Et$_3$ N, 70%; (2) Li, NH$_3$ (liq.);
depois HCl, 42%.

O fenol biarílico **87** foi obtido numa fase de vários gramas a partir de uma olefinação de
Wittig entre o derivado de benzaldeído **85** e o sal de fosfónio **86**, seguida de uma
hidrogenação controlada com Pd/C.A desaromatização oxidativa do fenol **87** com iodo
hipervalente (PIDA) produziu, sem problemas, a hidroxidienona **88**, que foi facilmente
submetida a uma ciclização de Heck intramolecular catalisada por acetato de paládio e a
uma hidrogenação quimiosselectiva catalisada por ródio [Rh(PPh)$_{33}$ Cl, H]$_2$ para obter
o sistema fenantreno tricíclico **89** com funcionalidade hidroxi enona (Esquema 14). No
entanto, a hidroxi enona **89** foi convertida em lactona tetracíclica **91** com **a** instalação de
um estereocentro de carbono benzílico quaternário através da reação com éter etílico
vinílico e N-cloro succenamida para um intermediário iodo-acetal, uma ciclização
radicalar fotoredox modificada envolvendo o catalisador foto redox **90** (esquema 14) ou
a ciclização radicalar convencional (nBu$_3$ SnH, Et$_3$ B) e a oxidação com mCPBA na
presença de BF$_3$ -OEt$_2$ com a remoção simultânea do éter MOM. O anel di-
hidrobenzofurano em **91** foi construído pelo protocolo de Fukuyama[30] para obter o
intermediário-chave pentacíclico **92**. Este último foi então bem transformado em
sulfonamida **93** em três etapas sequenciais através da proteção da ciclohexanona como
derivado do dioxolano, tratamento com metilamina para dar hidroxi amida, redução da
amida com LiAlH$_4$ e subsequente tosilação da amina resultante. A sulfonamida **93** foi
finalmente transformada em (-)-oxicodona (**55**) através de bromação benzílica com NBS
seguida de eliminação de HBr mediada por uma base para um derivado de estireno, uma
detosilação redutora de fase tardia com formação concomitante de piperidina (Esquema
14).

Todas estas sequências sintéticas desenvolvidas para sintetizar a oxicodona, o rendimento
final do produto natural é bastante baixo com a geração de muitos subprodutos nocivos
provenientes de vários reagentes estequiométricos, incluindo metal-oxidante ou redutor.
Estes factores tornam o protocolo sintético pouco favorável ao ambiente. Por conseguinte,

para aumentar o rendimento de alcalóides morfinanos como a oxicodona, foi utilizada uma estratégia eletroquímica que está atualmente a ser investigada em comunidades sintéticas.

1.5.3 Síntese eletroquímica.

Recentemente, Opatz et al.[32] conseguiram mais uma vez evitar condições de reação difíceis e de baixo rendimento através de um acoplamento anódico 4a-2′ eletroquímico totalmente regio- e diastereoselectivo[25] de um derivado de laudanosina 3′,4′,5′-trioxigenado que conduz à morfinana dienona (Esquema 13X e 13Y). De acordo com este processo, o intermediário-chave (74) foi submetido a eletrólise a 0 °C com uma corrente constante de 1,5 mA/cm^2 numa célula simples e não dividida, utilizando um cátodo de platina em solvente de acetonitrilo, combinado com um ânodo de diamante dopado com boro (BDD) e uma solução aquosa de

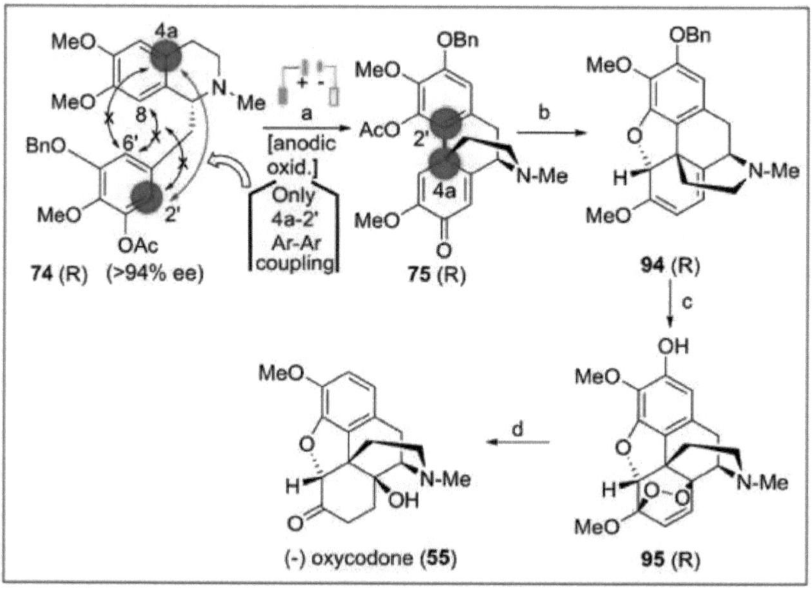

Esquema 15: Síntese da (-)-Oxicodona: Reacções e Condições: (a) Célula não dividida, ânodo BDD, cátodo Pt, i=1,5 mA/cm^2 , Q = 2.2 F, MeCN, HBF$_4$, 0 °C; (b) (1) CeCl$_3$ - 7H$_2$O, NaBH$_4$, MeOH, 0 °C; (2) K$_2$CO$_3$, MeOH, RT; (3) N,N-dimetilformamida dineopentilacetal, dioxano, 60 °C; (c) TPP, O$_2$, TFA, CH$_2$Cl$_2$, LED azul, RT; (d) (1)

Pd/C, H$_2$ (1 atm), CH$_2$Cl$_2$, RT; (2) 5-cloro-1-fenil-1H-tetrazole, K$_2$CO$_3$, DMF, 70 °C; (3) Pd/C, H$_2$ (30 bar), CH$_2$Cl$_2$ /EtOH, RT;

HBF$_4$ como eletrólito ácido para evitar a oxidação da amina, produzindo **75** (Esquema 15) num único diastereómero e com um rendimento aceitável de 69%. O mecanismo para este tipo de reação foi compilado recentemente por Waldvogel e colaboradores.[27] Neste caso, o acoplamento oxidativo aril-aril de **74** ocorreu no ânodo e o gás hidrogénio foi expelido no cátodo. De qualquer modo, o grupo hidroxi adicional necessário em C-14 foi incorporado por cicloadição diastereosselectiva [4 + 2] de oxigénio simples às ligações duplas do éter dienol de (**94**) sob irradiação de luz visível após o fecho do anel E em (**75**) por reação conjugada S$_N$. A redução final de **95** por Pd/C produziu (-)-oxicodona (**55**). A vantagem desta metodologia é a notável seletividade no acoplamento anódico, a não utilização de agentes oxidantes ou redutores externos, a redução de etapas e os elevados rendimentos. Embora o processo de fabrico da oxicodona tenha sido bem descrito na patente dos EUA número US6864370B1, datada de 8 de março de 2005, por Lin et. al.

1.6. Isocriptolepina : (alcaloide indoloquinolina).

1.6.1. Fonte natural:

A criptolepina (**96,** Figura 6X) e a isocriptolepina (**97,** Figura 6Y), isoladas do arbusto trepador da África Ocidental Cryptolepis sanguinolenta, é um alcaloide bioativo que possui uma atividade antimalárica significativa.[33a] A estrutura do produto natural é bastante interessante, uma vez que contém na sua estrutura central uma fração de indol e uma fração de quinolina. No primeiro produto natural, o heterociclo indol está fundido com a quinolina nas posições C-2 e C-3 do carbono, enquanto no segundo está fundido nas posições C-3 e C-4 do carbono. Em ambos os casos, são possíveis dois modos diferentes de conetividade (Figura 6X e Y). Estes alcalóides indoloquinolínicos também são conhecidos por actuarem como agentes intercalantes de ADN proeminentes.[33b] Estes compostos também apresentam uma forte atividade antiplasmódica. Curiosamente, a criptolepina,**96** liga-se 10 vezes mais ao ADN do que os outros alcalóides e, por conseguinte, revela-se muito mais citotóxica para as células de melanoma B16.[33c] Uma vez que estas estruturas nucleares apresentaram diversas actividades biológicas, há uma procura crescente de novos métodos sintéticos mais ecológicos para a construção destes compostos nucleares para avaliação das suas bioactividades. Além disso, isto aumentará a possibilidade de diversificar e construir bibliotecas deste tipo de compostos para permitir a descoberta de fármacos significativos e programas de desenvolvimento para lutar contra várias doenças.

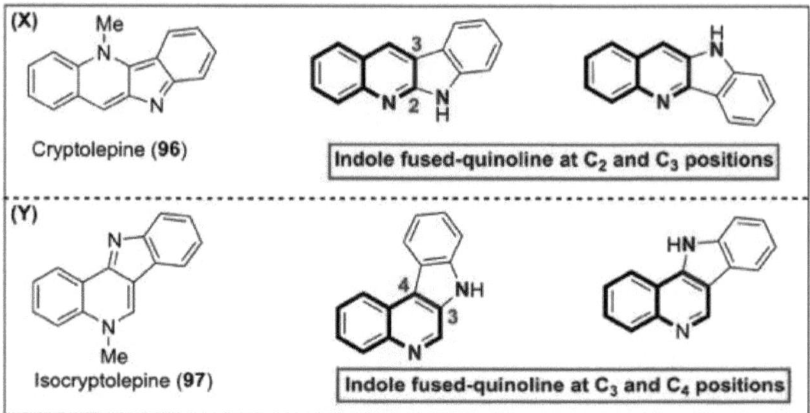

Figura 6. Alcaloide natural da indoloquinolina: Criptolepina e Isocriptolepina numa estrutura de indol-quinolina fundida em diferentes posições.

1.6.2. Abordagem sintética anterior.

I. Isocryptolepine (alcaloide de indoloquinolina) por P. S. Mohan, 2006:[34]

P. S. Mohon e colaboradores efectuaram um acoplamento entre a anilina e a 4-haloquinolina que, após fotociclização, deu origem a uma fração indoloquinolina. A metilação regiosselectiva na posição apropriada forneceu criptolepina e isocriptolepina em três etapas (Esquema 16). Assim, a reação de 3-bromoquinolina (**98**) e 4-cloro quinolina (**104**) com anilina (**99**) produziu os precursores de fotociclização **100** e **105**, respetivamente (Esquema 16).

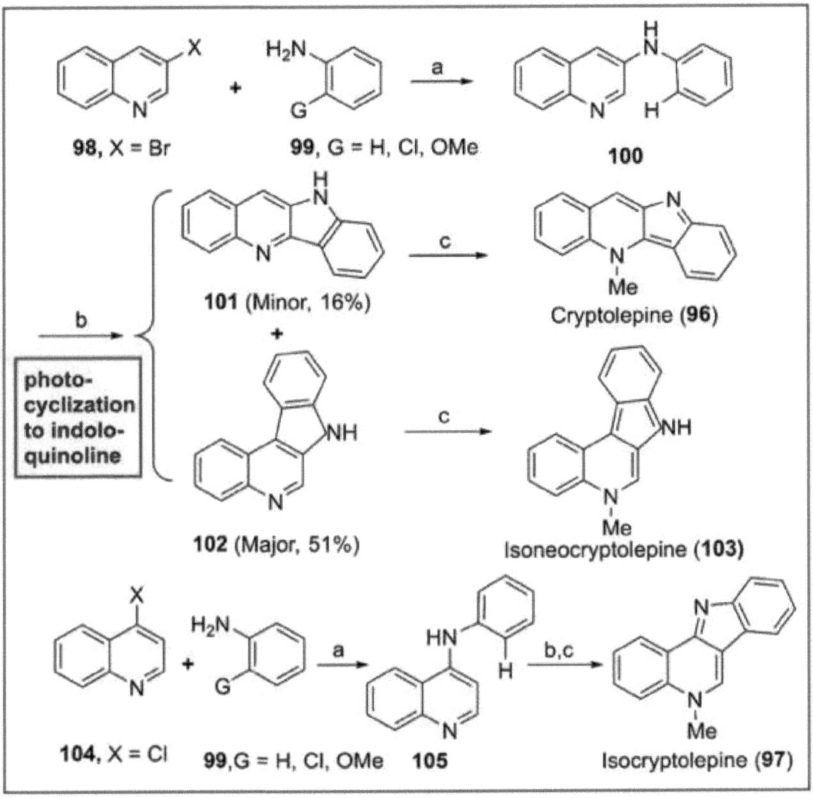

Esquema 16: Síntese dos alcalóides da indoloquinolina: Reacções e condições: (a) 200 °C, 5h; (b)hυ, C H_{66} :CH_3 OH:H_2 SO_4 (60:30:1, v/v/v), I_2 , RT.; (c) Me_2 SO_4 , CH_3 CN, refluxo, 6 h, K_2 CO_3 , 80%.

Por irradiação com luz, o composto **100** produziu fotoprodutos fundidos linearmente indoloquinolina, **101** (18%) como produtos secundários, juntamente com fotoprodutos fundidos angularmente indoloquinolina, **102** (51%) como produtos principais separáveis. A metilação selectiva individual do azoto quinolínico dos produtos **101** e **102**, utilizando (CH $)_{32}$ SO_4 em CH_3 CN em condições de refluxo, deu origem à criptolepina (**96**) e à isoneocriptolepina (**103**). Finalmente, a isocriptolepina (**97**) foi também preparada a partir de **105** de forma análoga (Esquema 16).

II. Isocryptolepine (alcaloide indoloquinolina) por U. W. Maes, 2008:[35]

O grupo Maes concebeu uma síntese inteligente em três etapas da isocriptolepina através da reação Buchwald-Hartwig intermolecular consecutiva em auto-tandem e da arilação intramolecular catalisada por paládio da 4-cloroquinolina com 2-cloroanilina seguida de metilação regiosselectiva.[35] Assim, o **composto107** foi obtido por aminações de Buchwald-Hartwig em 4-cloroquinolina (**104**) com 2-cloroanilinas (**106**) utilizando um catalisador de Pd a 2,2 mol% em dioxano refluxante com elevado rendimento. A ciclização intramolecular de **107** catalisada por Pd (2,5 mol%) produziu sem problemas a indoloquinolina tetracíclica (**108**) com um rendimento excelente de 95%, que, após metilação selectiva subsequente no azoto da quinolina, deu origem ao produto natural isocriptolepina (**97**). A beleza desta síntese reside na formação consecutiva de duas ligações C-N e C-C catalisadas por Pd em auto-tandem (Esquema 17).

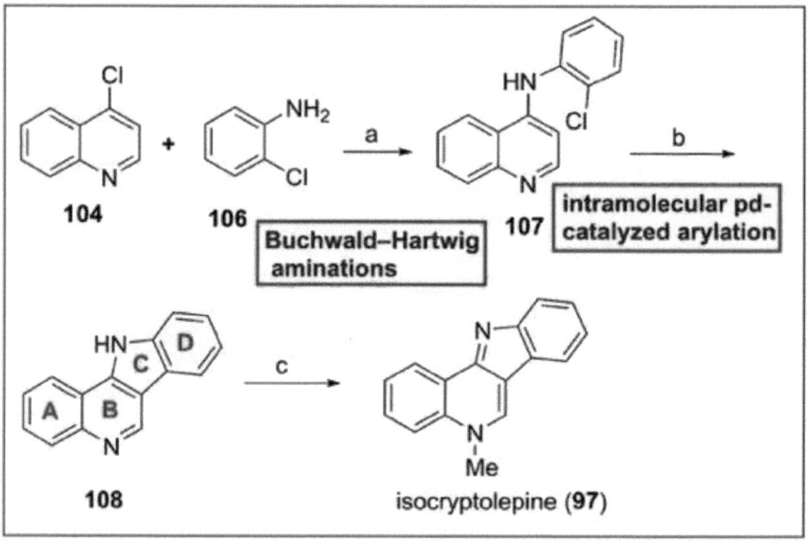

Esquema 17: Síntese de Isocriptolepina : Reacções e condições: (a) 2,2 mol% Pd_2 $(dba)_3$, XANTPHOS, $Cs_2\ CO_3$, dioxano, refluxo, 81%; (b) 2,5 mol% Pd_2 $(dba)_3$, 10 mol% $P(t\text{-}Bu)_3$, $K_3\ PO_4$, dioxano, refluxo, 95%; (c) (1) MeI, DMF, 80° C; (2) aq. $Na_2\ CO_3$, 75%.

Mais uma vez, todas estas sínteses são comprovadamente inócuas para a natureza devido à utilização de uma quantidade estequiométrica de reagentes e de catalisadores de metais de transição venenosos, que produzem uma quantidade notável de subprodutos tóxicos com o baixo rendimento dos alcalóides necessários. Por conseguinte, é necessário empregar a eletroquímica como reagente para a síntese de saucerful em escala industrial para fins farmacêuticos.

1.6.3 Síntese eletroquímica.

Recentemente, Zhong-Wei Hou et al. desenvolveram uma excelente metodologia sintética[36] para a síntese da isocriptolepina à escala de um grama, utilizando a eletroquímica como passo-chave. A formação de ureia entre a N-metil-2-iodoanilina (**109**) e o isocianato de fenilo, seguida da incorporação da fração alquina (**110**), produz um derivado de ureia (**111**). A eletrólise de **111** a uma corrente constante de 5 mA em MeOH-THF, seguida de um tratamento ácido e depois básico, produziu isocriptolepina (**97**) (Esquema 18X). Os autores propuseram um mecanismo plausível para o passo-chave eletroquímico da sequência de reação (Esquema 18Y). A oxidação anódica de [Cp2Fe] no ânodo C gera [Cp2Fe]$^+$ enquanto a redução catódica simultânea do metanol no cátodo Pt desenvolve H_2 juntamente com o ião metóxido. Agora, o ião metóxido actua como base e desprotona a partir de **111** para dar o anião correspondente (**I**, Esquema 18Y). A transferência de um único eletrão (SET) entre esse anião e o [Cp2Fe]$^+$ dá origem ao radical centrado no azoto deficiente em electrões (**II**, Esquema 18Y), juntamente com a regeneração do [Cp2Fe]. A ciclização 6-exo-dig desse radical dá origem ao radical vinil (**III**, Esquema 18Y), que sofre uma segunda ciclização com o anel arilo para gerar o radical deslocalizado (**IV**, Esquema 18Y). Finalmente, a aromatização fornece o núcleo do produto natural **112** com um excelente rendimento (91%).

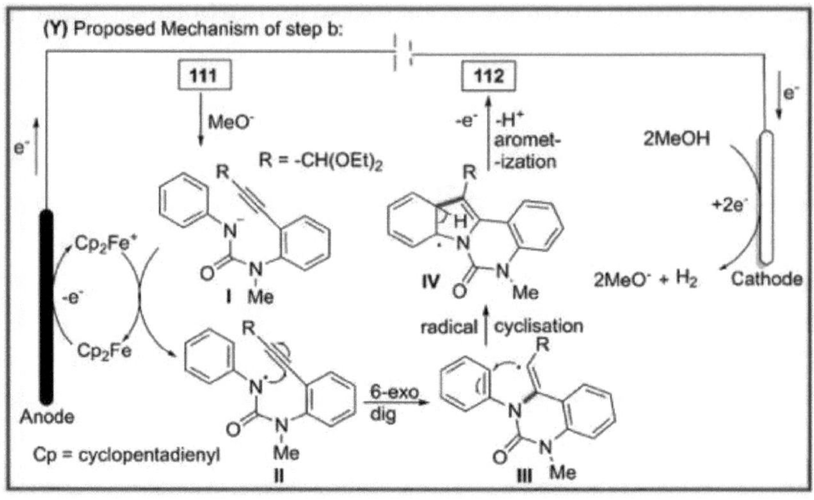

Esquema 18: Síntese da isocriptolepina: Reacções e Condições: (a) (1) [Pd(Ph₃ P)₂ Cl₂], CuI, 3,3-dietoxiprop-1-ino (**110**), (2) PhNCO; (b) Nó-C, cátodo-Pt, 5 mA, [Cp₂ Fe] (5 mol %), MeOH-THF (1:5), Na₂ CO₃ , n-Bu NBF₄₄ , Refluxo. (c) NaOH, Etanol.

1.7. Nazlinina: (alcalóides do indole):

1.7.1. Fonte natural:

A nazlinina (**113**) é um alcaloide indólico (figura 7) que foi isolado da planta Nitraria schoberi em 1991.[37] Apresenta propriedades serotoninérgicas e vasorelaxantes. A própria nazlinina serve de precursor biossintético, a partir do qual podem ser derivados numerosos produtos naturais, como a komaroidina, a isokomarovina, a schobericina, etc.

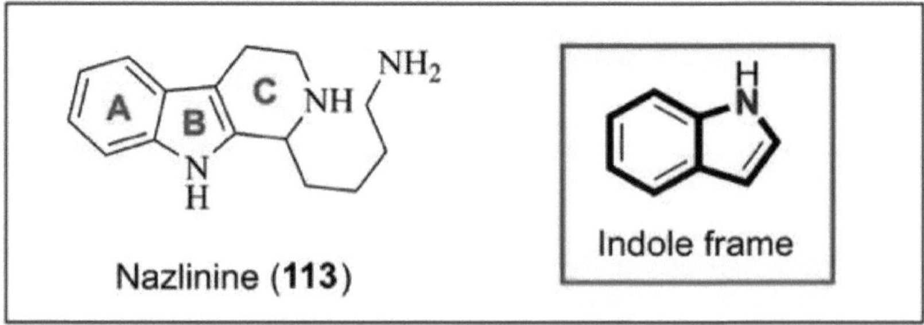

Figura 7. Alcaloide tricíclico Nazalinina numa estrutura de indol.

1.7.2. Abordagem sintética anterior.

I. Nazalinina por Gerrit-Jan Koomen, 1993:[38]

O crédito da síntese total da nazlinina (**113**) pela primeira vez vai para o grupo Gerrit-Jan Koomen . Sintetizaram-na utilizando uma reação de um passo entre a triptamina (**114**) e a 2,3,4,5-tetrahidropiridina (**115**) usando ácido trifluoroacético como catalisador em água (Esquema 19).[38] Os espectros[1] H e[13] C NMR de **113** com os relatados para o produto natural foram completamente idênticos aos relatados em máquina de 300 MHz em metanol deuterado.

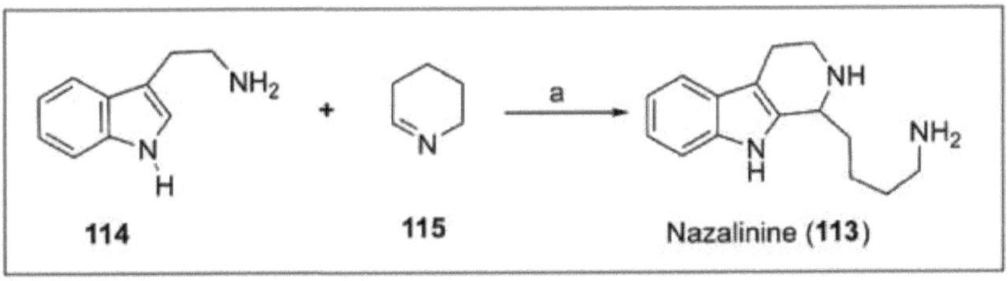

NH2
114
115
a
NH
NH2
Nazalinine (113)

Esquema 19: Síntese da nazlinina: Reacções e condições: (a) TFA, H_2 O, 72%.

II. Nazalinine de Jean Le'vy, 1997:[39]

Mais tarde, Jean Le'vy e colaboradores efectuaram a hidrogenação do glutaronitrilo em ácido acético na presença de triptamina. Após hidrogenação do produto com LAH, obteve-se uma mistura racémica do produto natural (esquema 20).[39] O composto tricíclico (**117**) foi isolado em 58%, juntamente com um produto secundário indoloquinolizidina tetracíclica em 14%, a partir de material de partida disponível no mercado, a triptamina (**114**) e o glutaronitrilo (**116**), através de hidrogenação com pd/C em ácido acético após 48 horas. Se o tempo de reação aumentar, o rendimento do produto secundário aumenta à custa do produto necessário **117**. Por fim, a redução de 117 com LiAlH4 permitiu obter nazalinina (**113**), mas na forma racémica (Esquema 20).

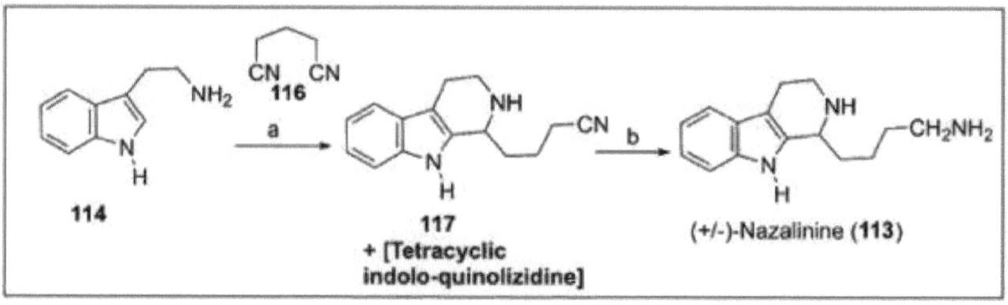

Esquema 20: Síntese da (±)-nazlinina: Reacções e condições: (a) **116**, AcOH, H_2, Pd-C, 48 h, 58%; (b) $LiAlH_4$, THF, 79%.

Mas o problema é que ambos os processos sintéticos sofrem de um elevado tempo de reação (72-80 horas) e de um baixo rendimento (até 50%).

1.7.3 Síntese eletroquímica.

O tempo de reação foi drasticamente reduzido e o rendimento foi suficientemente melhorado pelo grupo de Steven V. Ley[40] , utilizando a oxidação Shono eletroquímica chave numa eletroquímica de fluxo como tecnologia facilitadora. A oxidação Shono da pipiridina protegida com Boc (**118**) foi realizada utilizando elétrodo de carbono a uma corrente constante de 43 mA em metanol para obter **119** (Esquema 21). No entanto, os autores não referiram pormenores mecanísticos para esta etapa. No entanto, pensou-se que seguia uma reação de oxidação típica do tipo Shono, que é semelhante ao mecanismo mostrado no esquema 4Y, formando um catião de imínio no ânodo e desenvolvendo hidrogénio gasoso no cátodo. Uma vez concluída a etapa fundamental desta síntese, a irradiação por micro-ondas de **119** com triptamina na presença de ácido sulfónico de cânfora permitiu obter nazlinina (**113**) com 90% de rendimento recuperado em 30 minutos (Esquema 21).

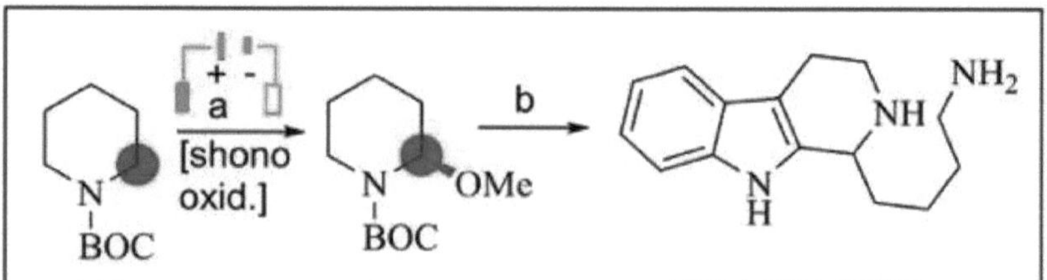

Esquema 21: Síntese da Nazlinina. Reagentes e condições: (a) Eléctrodos de carbono, corrente constante de 43 mA, nBu NBF$_{44}$ (1 eqiv.), Metanol. (b) 30 equivalentes de CSA, irradiação de micro-ondas em água.

1.8. Pirrolofenantridonas : (alcalóides de indole Amaryllidaceae):

1.8.1. Fonte natural:

Uma série de alcalóides de pirrolofenentridona de ocorrência natural[41a] incluindo Oxoassoanina, pratosina, anidrolicorinona, hippadina, pratorinina, pratorimina, Kalbretorina e Hippacina (Figura-8) foram isolados dos bolbos de várias espécies de Crinum (Amaryllidaceae). Contêm um interessante esqueleto hetero-policíclico com moléculas de indol e N-benzoílo fundidas. As estruturas destes alcalóides foram estabelecidas por várias espectroscopias, bem como por cristalografia de raios X simples.[41b] Estes alcalóides também possuem actividades biológicas significativas. Alguns destes compostos exibem atividade citotóxica contra a leucemia de células T. Mais uma vez, a atividade antitumoral contra a linha celular do sarcoma do rato foi demonstrada pela Kalbretorina, a Hippadina obstrui reversivelmente a fertilidade em ratos machos com uma diminuição notável

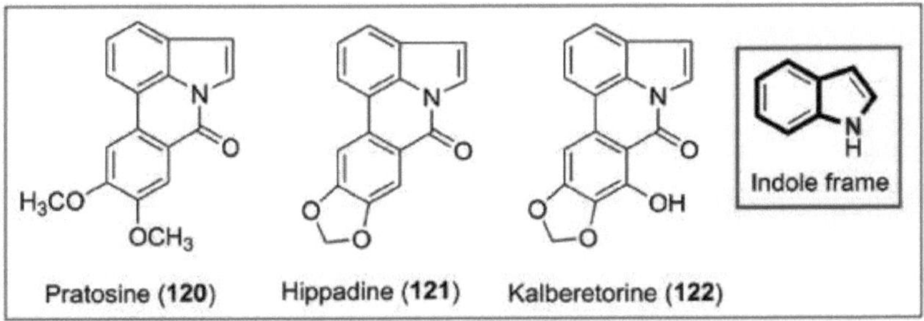

Figura 8. Algumas pirrolofenantridonas numa estrutura de indol.

tanto no peso dos testículos como no ADN.[42] Naturalmente, muitos investigadores procuraram desenvolver uma via sintética para sintetizar alcalóides de pirrolofenentridona devido à sua estrutura interessante e enormes potências biológicas.

1.8.2. Abordagem sintética anterior.

I. Pirrolofenantridonas por David St C. Black, 1989:[43]

Black et al desenvolveram um acoplamento cruzado intramolecular estequiométrico mediado por Pd seguido de oxidação DDQ de um anel de indolina[43] para produzir hippadina e o seu isómero estrutural (Esquema 22). Assim, os indóis N-benzoílicos substituídos **123** sofreram ciclização para os di-hidrocompostos124 com um rendimento bastante baixo no tratamento com acetato de paládio em ácido acético, que na desidrogenação mediada por DDQ deu os produtos naturais necessários - Pratosinina (**120**) e Hippadina (**121**) separadamente (Esquema 22), mas inesperadamente com baixo rendimento. No entanto, esta síntese é curta, mas os rendimentos obtidos nas etapas são muito baixos.

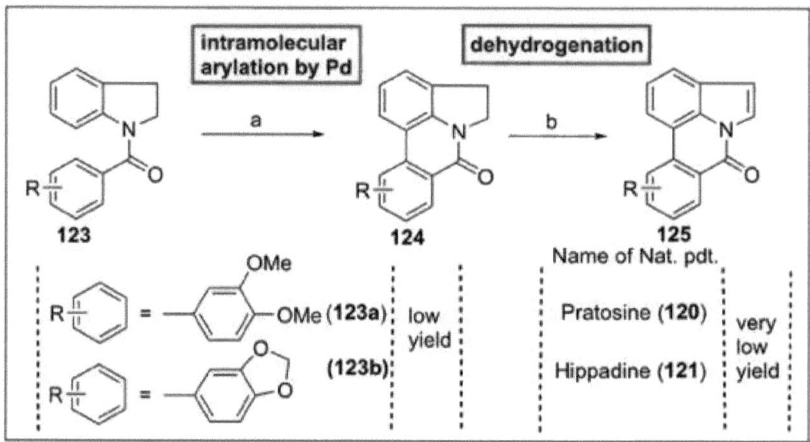

Esquema 22: Síntese de pirrolofenantridonas. Reagentes e condições: (a) Pd $(OAc)_2$, AcOH; (b) DDQ, DCM.

II. Pyrrolophenanthridones por Dale L. Boger, 2000:[44]

Boger e colaboradores[44] utilizaram a reação de Diels-Alder de um azadieno heterocíclico intramolecular e com procura inversa de electrões de uma 1,2,4,5-tetrazina (**126**) assimétrica para a síntese da hippadina (**121**). O substrato **128** para as reacções de Diels-Alder de procura inversa de electrões foi preparado pela reação S_{N-} da 3,6-bis(metiltio)-1,2,4,5-tetrazina (**126**) com 1-amino-3-butino (**127**) com bom rendimento (Esquema 23). A primeira cicloadição intramolecular [4 + 2] foi efectuada à temperatura ambiente com o substrato **128** protegido com N-BOC para obter **129** com excelente rendimento. Após a remoção do N-BOC do **129**, o composto resultante **130** foi acoplado ao ácido **131** já preparado, na presença de EDCI-HOBT e de uma base orgânica, para obter **132** novamente com um rendimento elevado. Mais tarde, provou-se ser o intermediário chave para a segunda reação de cicloadição [4 + 2] intramolecular. Consequentemente, o substrato **132** foi submetido a uma cicloadição suave seguida de aromatização subsequente por eliminação de metanol. A hippadina (**121**) foi obtida com um rendimento excelente após desidrogenação com DDQ (Esquema 23).

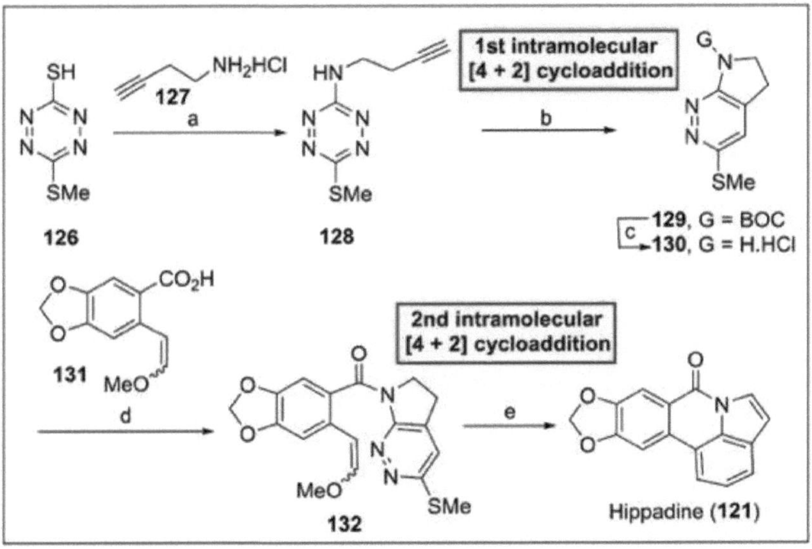

Esquema 23: Síntese da Hippadina. Reagentes e condições: (a)**126**, Et$_3$ N, MeOH, 51%; (b) BOC$_2$ O, DMAP, 96%; (c) HCl, EtOAc; (d) **129**, EDCI, HOBT, i-Pr$_2$ NEt, 68%;(e) (1) 265° C, 100%; (2) Raney Ni, 97%; (3) DDQ, 65%.

III. Pirrolofenantridonas por Michael A. Kerr, 2005:[45]

Kerr et al.[45] também conseguiram construir hippadina e pratosina, alcalóides de amaryllidaceae, utilizando a amidação dominó sequencial catalisada por paládio de um triflato de arilo, ciclização oxidativa mediada por iodo hipervalente e o tratamento DDQ semelhante. Assim, o tratamento inteligente do material de partida 2-trifiloxi **133** com diferentes benzamidas **134** ou **135** segundo os protocolos padrão (condição-a) deu indolinas **123a** e **123b** em rendimentos de 97 e 85%, respetivamente (Esquema 24).A ciclização oxidativa de **123a** ou **123b** sob a influência de feniliodo bistrifluoroacetato

(PIFA) como reagente sustentável, seguida de aromatização mediada por DDQ em benzeno seco, forneceu pratosina (**120**) e hippadina (**121**) em 22 e 67% de rendimento em duas etapas. Esta metodologia é útil para a síntese de alcalóides e outros alvos contendo indol (Esquema 24).

Esquema 24: Síntese das pirrolofenantridonas. Reagentes e condições: (a) Pd₂ (dba)₃ (5 mol%), XANTPHOS (10 mol%), Cs₂ CO₃ , 1,4-dioxano, 110° C; (b) Ph(O₂ CCF)₃₂ , BF -Et₃₂ O, CH₂ Cl₂ ; (c) DDQ, Ph-H.

No entanto, o primeiro método apresenta um rendimento muito baixo, o segundo método tem várias etapas com muitos reagentes utilizados a altas temperaturas e no terceiro método são utilizados catalisadores de paládio que não só são caros como também são citotóxicos. Além disso, foi necessária uma temperatura elevada (>120 °C) para muitas reacções, incluindo a reação de acoplamento intramolecular mediada por pd, para obter um transformador cis favorável. Por conseguinte, foram necessários métodos alternativos ecológicos e limpos, isentos de metais, para preparar estes compostos bioactivos, a fim de obter sinteticamente este tipo de alcalóides vitais.

1.8.3 Síntese eletroquímica.

Os problemas, surgidos nas abordagens sintéticas anteriores, foram resolvidos por Chiba e colaboradores[46] utilizando a ciclização eletroquímica intramolecular controlada através da oxidação benzílica como reação-chave e a desprotonação contínua na etapa seguinte (Esquema 25X). No entanto, a reação de acoplamento cruzado intramolecular tornou-se muito difícil devido ao maior intervalo E_{ox} entre a porção benzoíla, deficiente em electrões, e o anel de indolina, relativamente rico em electrões. Para evitar esta barreira, foi utilizado o eletrólito à base de catiões de lítio $LiClO_4$ juntamente com o solvente misto $MeNO_2$ -HFIP (9:1). O derivado de indolina (**123**) confere um eletrão ao ânodo de platina na presença de $LiClO_4$ e do aditivo MsOH (pKa= -2,6) sob corrente constante (2,6 F, 0,08 mA/cm2) para adquirir um catião radicalar (**I**, Esquema 25Y), que, após ciclização, gera um radical ciclizado

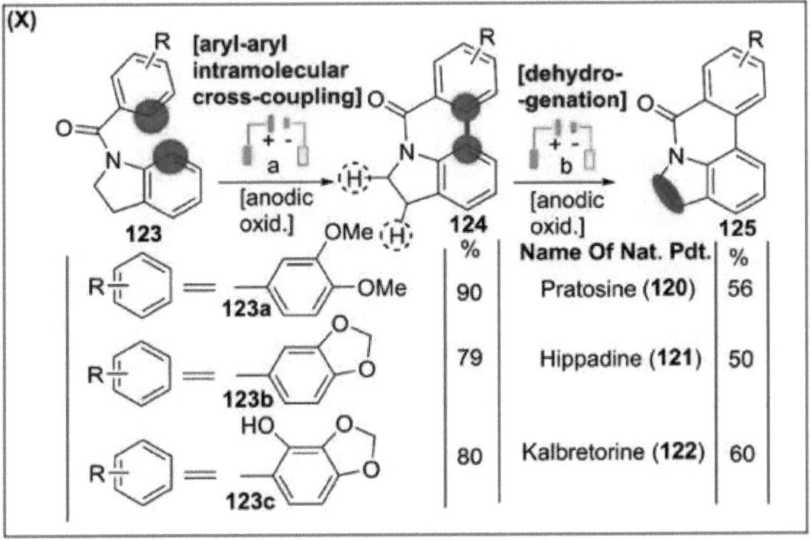

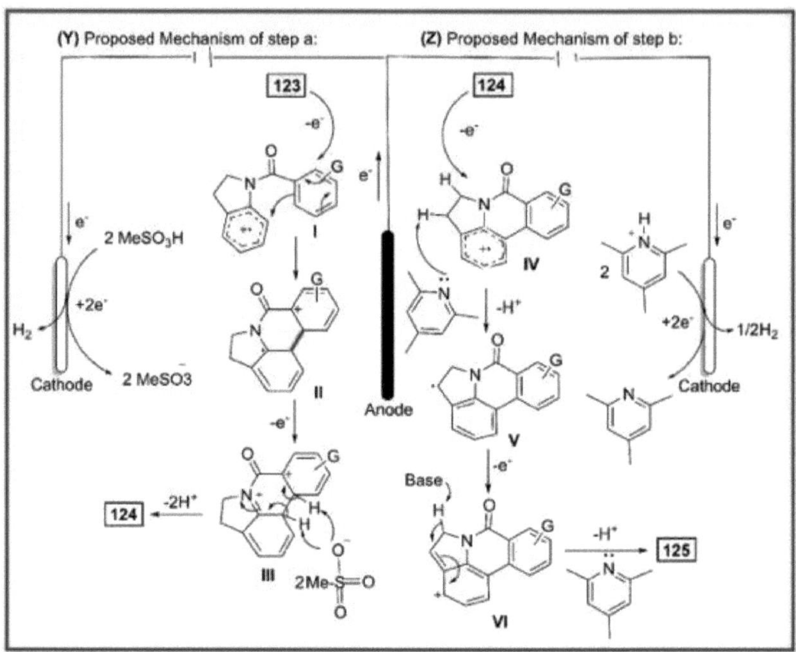

Esquema 25: Síntese de pirrolofenantridonas: Reacções e Condições: (a) Pt-electrodos, MeNO$_2$ -HFIP (9:1), LiClO$_4$, MsOH (100 mM), 0,08 mA/cm^2 , 2,6 F/mol, RT; (b) Pt-electrodos, MeCN-CH$_2$ Cl$_2$ (6:4), Bu$_4$ NClO$_4$, colidina-MsOH, 0,08 mA/cm^2 , 5,2 F/mol, RT.

catião **II** (esquema 25Y). **O** catião II doa outro eletrão ao ânodo para produzir o dicátion **III**, que aromatiza imediatamente libertando dois protões para obter o produto **124** (Esquema 25Y). Na reação de acoplamento oxidativo chave, a função do 1,1,1,3,3,3-Hexafluoro-2-propanol (HFIP) é reter o ClO$_4$ - derivado do LiClO$_4$ através da formação de uma forte ligação de hidrogénio, aumentando a reatividade do catião radicalar intermediário[47] que se formou durante a eletrólise. Por outro lado, o ácido de Lewis Li$^+$ aumenta o valor E$_{ox}$ do produto ciclizado e suprime a sobreoxidação indesejada. No passo eletroquímico seguinte, os produtos desidrogenados **125**(s) (**pratosina120**, hippadina **121** e **kalbretorina122**) foram obtidos com bom rendimento alterando o eletrólito como Bu$_4$ NClO$_4$ e aditivo colidina-MsOH no solvente MeCN-CH$_2$ Cl$_2$, (6:4) na presença de eléctrodos de Pt sob corrente constante (0,08 mA/cm2, 5,2 F) à temperatura ambiente. As reacções anódicas e catódicas, com o respetivo mecanismo detalhado, são apresentadas no esquema 25Z. Todas estas melhorias permitem finalmente melhorar o rendimento dos produtos naturais (**125**).

1.9. Hinckdentine A : (alcaloide indol):

1.9.1. Fontes naturais:

A Hinckdentine A (**136**) (figura 9) é um alcaloide marinho estruturalmente único, que foi isolado em 1987 do briozoário Hincksinoflustra denticulate[48] que vive na costa oriental da Tasmânia. Tem um esqueleto de indol pentacíclico complexo no núcleo.[49] Estudos de raios X de cristal único revelaram que um anel lactâmico de sete membros está fundido com um núcleo de indolo-quinazolina altamente bromado através de dois centros estereogénicos consecutivos com um centro de carbono quaternário e um anel lactâmico cíclico de sete membros (Figura 9). A atividade biológica da hinckdentina A ainda não foi revelada, provavelmente devido à sua disponibilidade biológica extremamente baixa através da extração. No entanto, possui motivos biologicamente importantes na sua estrutura, juntamente com subunidades de indolina, azepinona e quinazolina. Os interesses estruturais têm atraído vários químicos sintéticos e medicinais para tentar a síntese deste alcaloide.

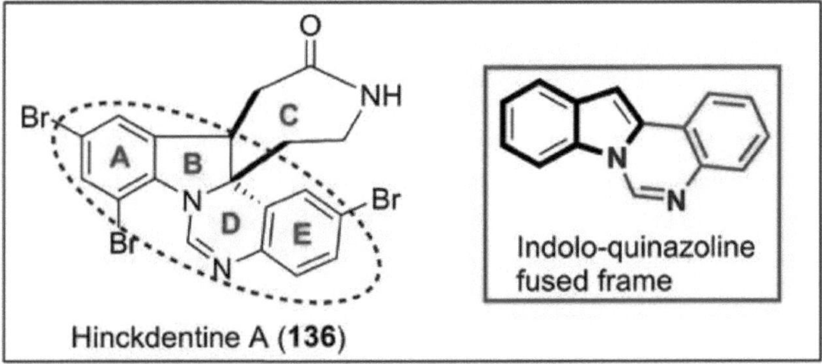

Figura 9. Hinckdentine A numa estrutura de indolo-quinazolina.

1.9.2. Abordagem sintética anterior.

I. Hinckdentine A por Tomomi Kawasaki 2009:[50]

A primeira síntese total da Hinckdentine A foi realizada com sucesso por Tomomi Kawasaki e colaboradores[50] em 21 etapas numa forma racémica. Na síntese anterior, o 2-(2-nitirofenil) indol **137** protegido por PMB foi oxidado com m-CPBA, seguido de um protocolo de formação de ligações C-C do tipo Mannich mediado por ácido estratégico (CSA) para a construção de um centro de carbono quaternário no tratamento com um sililenolato de shoutable (condição a, Esquema 26) para fornecer o composto di-carbonilo (**138**) com bom rendimento em três etapas. Este último foi então convertido em anilina monocetona (**139**) com um rendimento global de 60% através da redução sequencial da funcionalidade do aldeído com $NaBH_4$ em MeOH, proteção TBS do álcool primário resultante, remoção do grupo PMB da amina secundária por oxidação DDQ e subsequente redução do grupo nitro com zinco em $AcOH\text{-}CH_2\,Cl_2$ .A dihidropirimidina, ou seja, o anel-D como composto tetracíclico (**140**), foi construída a partir de **139** pelo tratamento de **139** com trimetilortoformato na presença de PPTS com um rendimento bastante elevado. A reação de olefinação do tipo Wittig do substrato (**140**) com o fosfonato (**141**) na presença de uma base forte como o NaH e a subsequente redução da olefina resultante e das fracções de imina já presentes com magnésio em MeOH **forneceram142** numa relação *sin-* e anti-isomérica de 5:1 novamente com um rendimento inteligente de 77% em duas etapas (Esquema 26). A estereoquímica de **142** foi estabelecida por experiências NOE. Para realizar a transformação final da hinckdentina A (**136**), foi necessária uma troca adequada de grupos funcionais (FGI) no substrato **142** para obter o composto **143** contendo ciano-azida em 68% em 4 etapas, seguida da redução da moidade da azida com $Ph_3\,P$ e a subsequente lactamização catalisada por ruténio do aminonitrilo para formar o anel-C em **143** para dar o lactum tetracíclico **144** em 66% de rendimento e a obtenção do tribrometo desejado por bromação regio-selectiva com NBS. Finalmente, a remoção do grupo N-Boc com TFA seguida da oxidação TPAP da tetrahidropirimidina no núcleo pentacíclico forneceu a hinckdentina A, **136** num rendimento aceitável (Esquema 26).

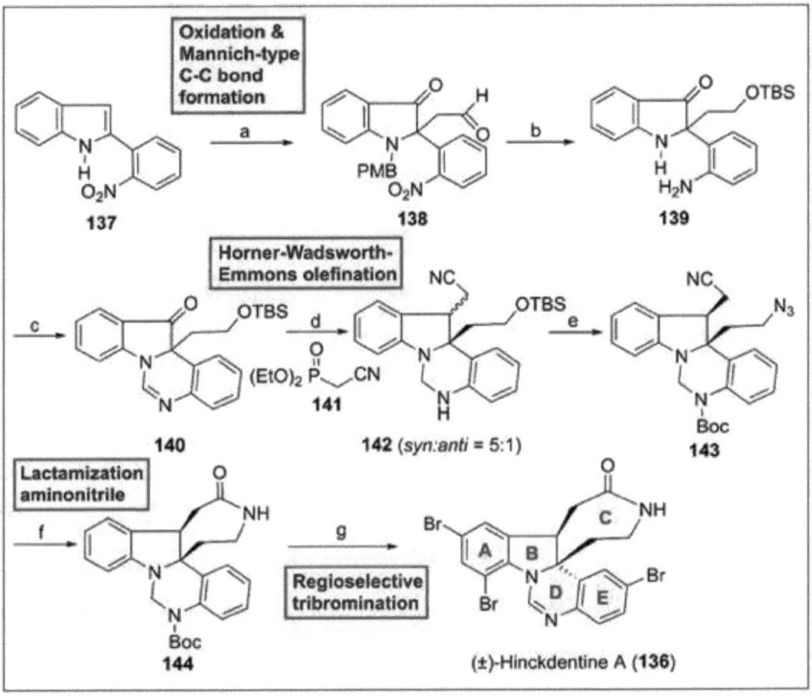

Esquema 26: Síntese da Hinckdentine A racémica: Reacções e condições: (a) (1) NaH, PMBCl, TBAI, DMF; (2) m-CPBA (2,5 equiv.), THF, 85%; (3) H_2 C=CH-OTMS (2 equiv.), CSA (1,1 equiv.), CH_2 Cl_2 , 0° C, 56%; (b) (1) $NaBH_4$, MeOH; (2) TBSCl, Et_3 N, DMAP, CH_2 Cl_2 ; (3) DDQ, CH_2 Cl -H_{22} O; (4) Zn, AcOH,CH_2 Cl_2 , 60% em 4 etapas; (c) $CH(OMe)_3$, PPTS, 86%; (d) (1) **141**, NaH, DMF; (2) Mg/MeOH (*syn:anti* = 5:1), 77%; e) (1) Boc_2 O, Et_3 N, DMAP, MeCN; (2) HF, Py, THF; (3) MsCl, Et_3 N, DMAP, CH_2 Cl_2 ; (4) NaN_3 , DMF, 68% para 4 etapas ; (f) (1) PPh_3 , H_2 O-THF; (2) RuH_2 $(PPh3)_4$, H_2 O, DME, 66; (g) (1) NBS, THF; (2) TFA, CH_2 Cl_2 ; (3) TPAP i.e N(C H)$_{374}$ RuO_4 , NMO, MeCN, 47% em 3 etapas.

II. Hinckdentine A por Tohru Fukuyama, 2016:[51]

A síntese enantioselectiva deste alcaloide foi também relatada por Tohru Fukuyama et al.[51] em 14 passos e 8,8% de rendimento total a partir do material de partida **145** disponível (Esquema 27). A abordagem sintética exclusiva baseou-se em quatro métodos-chave eficazes: (I) ciclização dearomativa assimétrica catalisada por paládio de **145** a **147**

51

por catalisador de paládio na presença de um ligando quiral **146**, (II) formação de lactama de sete membros **150** através da sequência de fragmentação/lactamização de Beckmann, (III) introdução de um átomo de azoto na anilida **154** por um processo de rearranjo. (IV) tribrominação regiosselectiva em **153**, seguida da formação da porção amidina para fornecer o núcleo indolo-pentacíclico, conduzindo à Hinckdentina A, **136** (esquema 27). As sequências sintéticas começaram com o material de partida **145**, que foi submetido a uma ciclização assimétrica dearomativa do tipo Heck catalisada por paládio na presença de um ligando quiral apropriado 146 para obter o produto pentacíclico **147** com um rendimento isolado notável e uma excelente razão enantiomérica (er) (*R:S* = 93:7). O composto fragmentado **149** (E/Z = 1:11) foi obtido a partir da oxima através da fragmentação de Beckmann no tratamento com $SOCl_2$ e $CF_3 CH_2 OH$. O intermediário lactâmico de sete membros enantiomericamente puro **150** (er =>99:1) foi então isolado por recristalização a partir de etanol gelado com elevado rendimento, simplesmente através da hidrogenação catalítica sequencial da olefina em **149** e da redução da funcionalidade do nitrilo com níquel Raney à amina primária correspondente, seguida de lactamização com o éster 2,2,2-trifluoroetilo. O produto **indolina/acetanilida154** foi assim obtido após a remoção do grupo TFA, seguida de um tratamento inicial de **153** com KSAc em $CH_3 OH$ a 40 °C, seguido de um trabalho hidrolítico com NaHCO3 aq. e tribrominação regiosselectiva com excesso de bromo (8 equiv.) à temperatura ambiente. Por último, a fração amidina de **136** foi criada com um rendimento de 88% tratando **154** com uma quantidade excessiva de $HC(OMe)_3$ e TFA, provavelmente através da remoção in situ do grupo acetilo do intermediário de amidínio, conduzindo à Hinckdentina A (**136**, Esquema 27). O seu valor rotacional ótico foi registado como $[\alpha]^{20}_D = + 274$ (c = 1.00, $CHCl_3$).

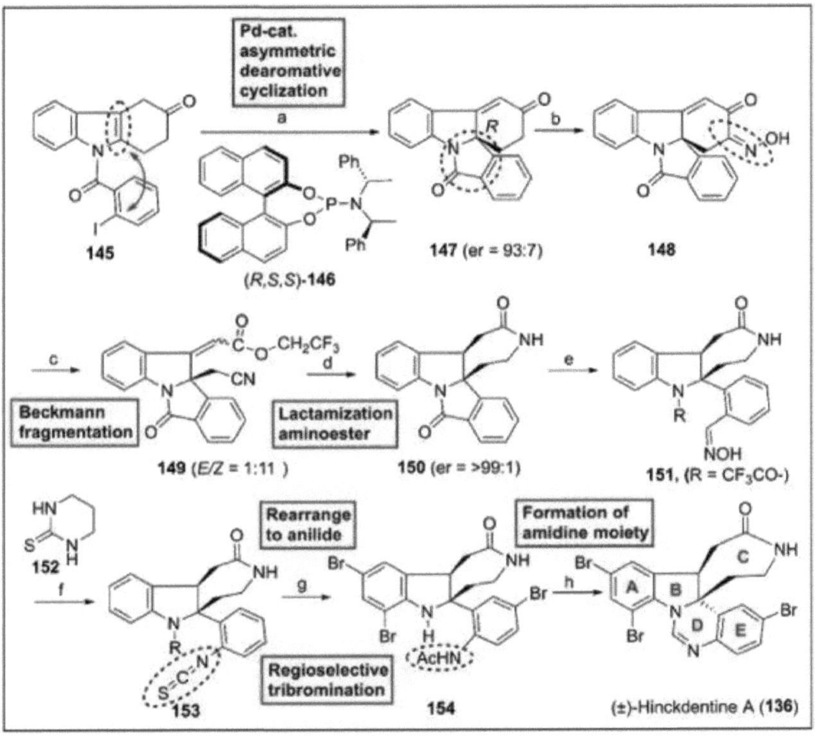

Esquema 27: Síntese enantioselectiva da Hinckdentina A: Reacções e condições: (a)
(1) Pd$_2$ (dba)$_3$ .CHCl$_3$ (2,5 mol%), ligando **146** (25 mol%), NaOAc (1.5 equiv),t-BuOH,
100° C,98%; (b) LHMDS, TMSCl e depois NOCl,79%; (c) SOCl$_2$ e depois CF$_3$ CH$_2$ OH,
77%; (d) (1) H$_2$,Pd-C, EtOAc, RT, 98%; (2) H$_2$, Raney Ni, TFA, t-BuOH e depois aq.
NaHCO$_3$, 84%; e) (1) NaBH$_4$, MeOH-THF, 78%; (2) TESCl, Piridina e depois TFAA,
70%; (3) Reagente de Jones; (4) NH$_2$ OH.HCl, NaOAc; f) **152**, NCS, Et$_3$ N, 72% (3
etapas); g) (1) KSAc; (2) Br$_2$, CH$_3$ NO$_2$, 64% (2 etapas); h) CH(OMe)$_3$, TFA, 88%.

Assim, nestas sínteses, foi utilizado um catalisador dispendioso de ruténio ou paládio num
passo fundamental. Em ambos os casos, o núcleo de indol foi construído utilizando vários
agentes oxidantes e redutores e o rendimento foi muito baixo devido a várias etapas.

1.9.3. Síntese eletroquímica.

Recentemente, Hai-Chao Xu et al. desenvolveram a via sintética mais curta para obter
(±)-Hinckdentine A aplicando uma técnica eletroquímica-anulação inteligente (Esquema

28).[52] A elegância desta conversão baseou-se no **radical** amidil-I gerado electroliticamente a partir de **157**. O primeiro sofreu ciclização 6-exo-trig/ ciclização de formação de 5 anéis através de cascata C-N e uma ligação C-C[53] formação numa substituição aromática homolítica (HAS). Assim, conseguiram reduzir tantas etapas, evitando a oxidação convencional, a redução e a anulação venenosa catalisada por metais de transição.

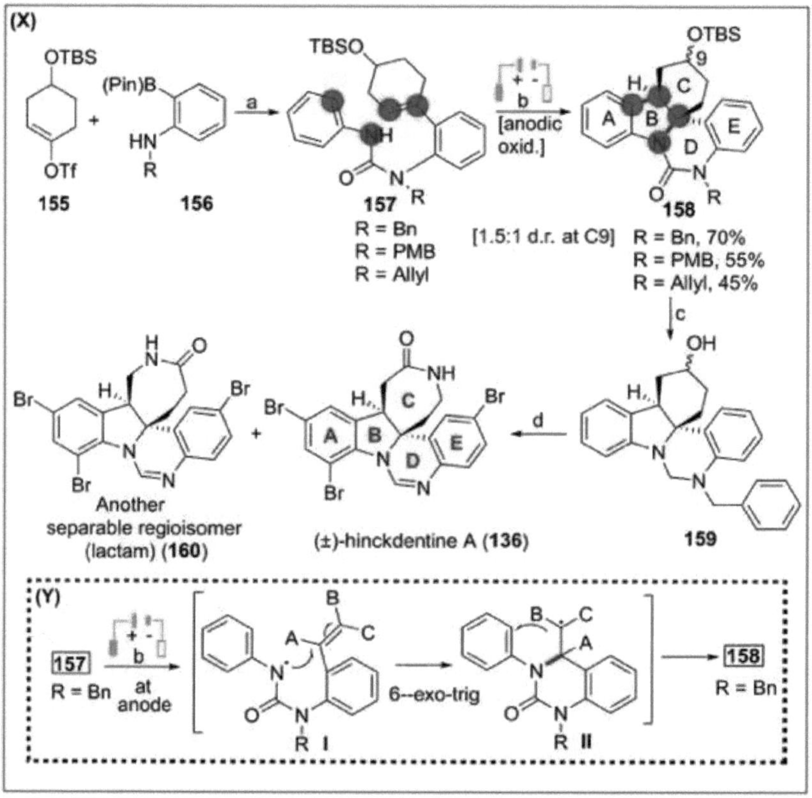

Esquema 28: Síntese da Hinckdentine A: Reacções e condições: (a) (1) Ph(PPh)$_{34}$, K$_2$ CO$_3$, H$_2$ O/EtOH/tolueno, 80 °C, (2) PhNCO, tolueno, refluxo; (b) ânodo RVC, cátodo Pt, 5 mA, Cp$_2$ Fe (5 mol %), Na$_2$ CO$_3$, THF/MeOH, refluxo. (c) (1) TBAF, THF, RT; (2) LiAlH$_4$, THF, refluxo; (d) ver referência-[52].

Na anulação [3+2] desidrogenativa intramolecular eletroquímica chave, o substrato **157** foi dissolvido no solvente misto THF/MeOH (1:1) e 5% de ferroceno (Cp$_2$ Fe)-

catalisado[54] e foi adicionado 1 equivalente $Na_2 CO_3$. A mistura resultante foi electrolisada num ânodo de carbono vítreo reticulado (RVC), um cátodo de placa de Pt e uma corrente constante de 5 mA numa condição de refluxo para obter o produto **158** com um bom rendimento (70%) à escala de gramas (Esquema 28). A diastereoselectividade em C-9 foi baixa, mas o estereocentro foi destruído na última fase da síntese total. No vaso de reação, o $Cp_2 Fe$ é oxidado no ânodo para dar $[Cp_2 Fe]^+$ e MeOH, enquanto que o MeOH é reduzido no cátodo para gerar MeO^- e H_2 (como já foi mostrado no esquema 18Y). A base MeO^- desprotona o substrato **157** para dar um anião de azoto, que é oxidado por $[Cp_2 Fe]^+$ através de SET para dar origem ao radical centrado no azoto **I**, pronto para a reação em cascata. Um mecanismo razoável para a síntese electro-transformada da Hinckdentina A está representado no Esquema 28. Por fim, o produto natural Hinckdentine A (**136**) foi obtido juntamente com outro isómero regio separável **160** através de algumas etapas, incluindo uma reação de rearranjo (Esquema 28X). [52]

1.10. Galantamina: (Alcalóides de Amaryllidaceae):

1.10.1. Fonte natural:

A (-)-Galantamina (**155**, Figura 10) é um alcaloide da Amaryllidaceae, que contém uma estrutura tetracíclica deformada com um estereocentro quaternário único de todos os carbonos. Foi isolado pela primeira vez da planta Caucasian snowdrop em 1952.[55] Desde então, apresenta uma decoração estrutural semelhante à dos alcalóides anotheropioides. A codeína (**156**), ilustrada na figura 10, apresenta várias actividades protectoras dos neurónios para o tratamento de doenças nervosas graves. A sua atividade inibidora da acetilcolinesterase, altamente selectiva e reversível, torna-a um fármaco potente para o tratamento clínico da doença de Alzheimer sintomática e para a reabilitação da dependência. Em 2001, a (-)-galantamina foi aprovada pela FDA como medicamento para o tratamento sintomático da doença de Alzheimer.[56] Por conseguinte, devido à sua complexidade estrutural e ao seu enorme potencial terapêutico para o sistema nervoso central, a (-)-galantamina tem atraído o interesse da comunidade sintética de todo o mundo desde o seu primeiro isolamento. Também foi relatada uma abordagem versátil para a síntese enantioselectiva dos alcalóides da galantamina.

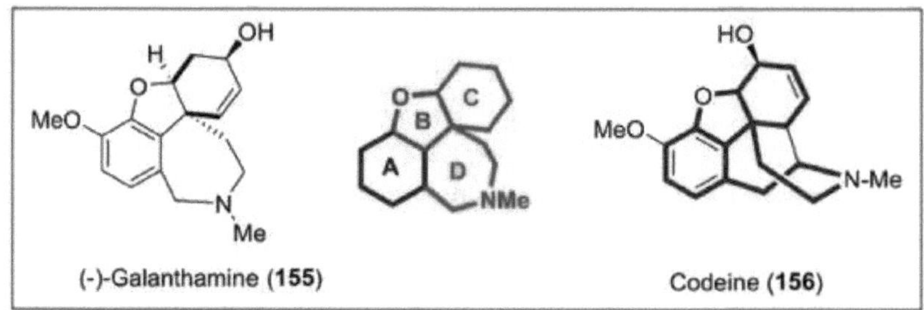

Figura 10. (-)-Galantamina num esqueleto de anéis tetracíclicos polifundidos (A-B-C-D), partilhado por outro alcaloide opiáceo Codeína, contendo um estereocentro quaternário de todos os carbonos decorado também com uma porção azepano (D) de 7 membros.

1.10.2. Abordagem sintética anterior.

I. Galanthamine by Ulrich Jordis , 1999:[57]

A síntese total da (-)-galantamina (**155**) em quantidades de vários quilogramas foi descrita pelo grupo de Ulrich Jordis[57] utilizando um procedimento eficiente em nove etapas com um rendimento global de 6,7 a 19,1 % (Esquema 29). A amina secundária **160** foi preparada por aminação redutora de uma imina intermédia instável formada pela condensação do aldeído **158** já preparado com tiramina disponível no mercado (**159**). A N-formilação da amina intermédia **160** e o acoplamento fenólico oxidativo com K₃ [Fe(CN)₆] deram origem ao composto tetracíclico **161** com bom rendimento em duas etapas, mas na forma racémica, que, após uma manipulação inteligente do grupo funcional, deu origem à (±)-narwedina (**162**) através da proteção selectiva da cetona no anel C com o 1,2-propilenoglicol cetal, da redução da ligação C-Br a ligação C-H e da funcionalidade N-formil a N-metil com LiAlH₄ e da remoção final do cetal por HCl aquoso. A (-)-Narwedina (**162**) foi bem separada da (+)-narwedina através da transformação quiral induzida por recristalização sem a utilização de um auxiliar quiral. No final, a (-)-galantamina.HBr (**155**) foi produzida com um rendimento aceitável após a redução estereosselectiva da (-)-narwedina (**162**) com L-Selectride a menos de -15° C para evitar a formação de epi-galantamina (Esquema 29).

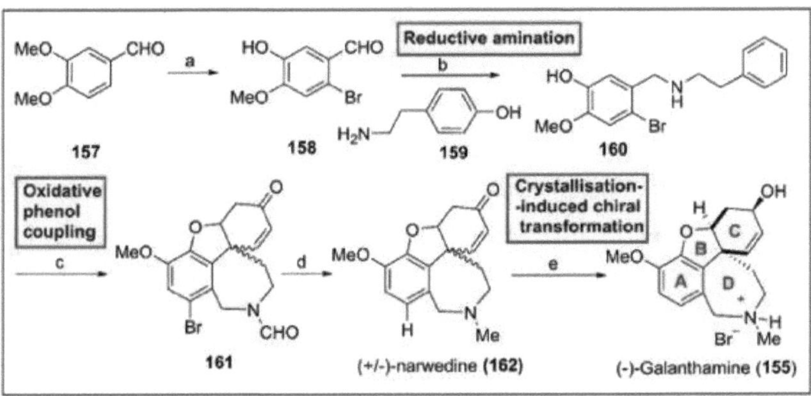

Esquema 29: Síntese da galantamina: Reacções e Condições: (a) (1) Br₂ , 92%; (2) H₂ SO₄ , 72%; (b) (1) Tiramina (**159**) , NaBH₄ , 95%; (c) (1) HCOOEt; (2) K₃ [Fe(CN)₆], K₂ CO₃ , 50% (2 etapas); (d) (1) propilenoglicol; (2) LiAlH₄ , (3) HCl, (4) NaOH, 79% (4 etapas); (e) (1) Transformação quiral induzida por recristalização de **162** em precursor de (-)-Galantamina **155** (2) LiB[CH(CH₃)C H]₂₅₃ H (= L-Selectride); (3)HBr, 97-99%.

II. Galanthamine por Barry M. Trost, 2000:[58]

Em 2000, Barry M. Trost e os seus colaboradores permitiram a síntese completa enantioselectiva da (-)-galantamina.[58] O éter arilo necessário (**166**) com 88% de excesso enantiomérico foi obtido pela reação da 2-bromovanilina (**163**) com carbonato (**164**) na presença do ligando quiral **165** com bom rendimento (Esquema 30). Em seguida, o tetra-hidrobenzofurano (**167**) com o centro quaternário crucial foi isolado após o emprego de uma reação de Heck intramolecular na presença de um catalisador de paládio e de um ligando bidentado 1,2-bis(Dicylohexylphosphino)ethane (dcpe). O composto **167** foi depois bem convertido **em** aminoaldeído tricíclico protegido com N-Boc **168 com** elevado rendimento, seguindo a sequência de cinco etapas de desbloqueamento de TBDPS com TBAF, oxidação quimiosselectiva do álcool benzílico no aldeído correspondente com MnO₂ , conversão do aldeído em amina protegida com N-Boc através da aminação redutora da imina formada entre um aldeído e a metilamina, seguida de redução com cianoborohidreto de sódio e oxidação ligeira com DMP do álcool primário restante. O aumento obrigatório de um carbono foi obtido por uma olefinação de Wittig do aldeído **168** com o fosfonio-ilido **169** derivado do metoximetiltrifenil fosfónio brometo e NaHMDS. Desbloqueamento da amina secundária e hidrólise do grupo metoxivinilo

deu origem a um intermediário instável de sete membros do anel hemiaminal (anel-D) que foi imediatamente reduzido ao tetracíclico **170** sem isolamento cromatográfico. O composto **170** foi então transformado em **α-hidroxi-seleneto171** utilizando o protocolo de quatro etapas em excelente rendimento com o objetivo de introduzir o grupo hidroxilo C3 no anel-C como na galantamina (**155**). Finalmente, a galantamina (**155**) foi obtida pela introdução no catalisador de rénio-(VII) da funcionalidade hidroxilo C3 no ciclo-hexeno, isto é, no anel-C (Esquema 30). A rotação ótica da (-)-galantamina $[\alpha]^{20}_D = - 112,8°$ (c = 0,5, EtOH), lit.$\alpha]^{20}_D = - 131,4°$ (C = 0,6, EtOH)) com características espectrais correspondentes às de uma amostra do produto natural.

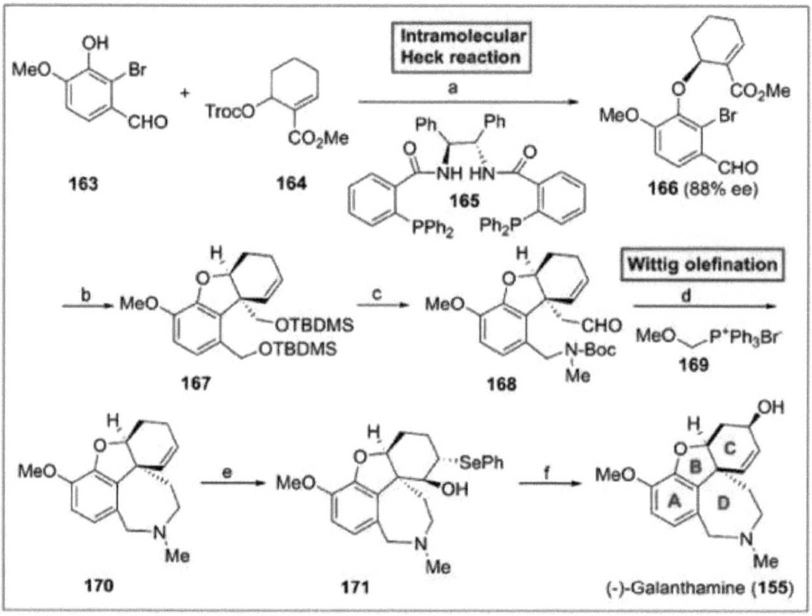

Esquema 30: Síntese da galantamina: Reacções e Condições: (a) **165** (3%), [η3-C H$_{35}$ PdCl]$_2$ (1%), Et$_3$ N, CH$_2$ Cl$_2$, RT. 72%; (b) (1) DIBAL-H, PhCH$_3$, -78°C;(2) TBDMSOTf, 2,6-Lutidina, CH$_2$ Cl$_2$, RT. 97%; (3) 20% Pd(OAc)$_2$, 18% dcpe, esponja de protões, DMA, 80°C, 69%; (c) (1)TBAF, THF, RT. (2) MnO$_2$, CH$_3$ COCH$_3$, RT. 97%; (3) MeNH$_2$ .HCl, CH$_3$ OH, refluxo, depois CH$_2$ Cl$_2$, Et$_3$ N, RT.; (4) Boc$_2$ O, 83%; (5) Periodinano de Dess-Martin (DMP), NaHCO$_3$, CH$_2$ Cl$_2$, RT, 92%; (d) (1) brometo de

metoximetiltrifenilfosfónio (**169**), NaN(TMS)$_2$, THF, 0°C, 64%, (10:1 Z:E); (2) TFA, CH$_2$ Cl$_2$, RT; (3) Na(CN)BH$_3$, CH$_3$ OH, 4 Å MS, 0 °C 53%; (e) (1) TsOH; (2) DMDO, acetona; (3) DBU, CH$_2$ Cl$_2$, RT, 45%; (4) PhSeSePh,C H$_{25}$ OH, 80°C , 98%; (f) (1) NaIO$_4$,THF, H$_2$ O, rt depois CHCl$_3$, 80 °C, 64%; (f) Ph$_3$ SiOReO$_3$, TsOH, PhH, 60°C,50%.

III. Galanthamine by Tao Xu , 2020:[59]

Uma nova estratégia de 11 passos para a obtenção de (-)-galantamina (**155**) foi relatada por Tao Xu et. al. muito recentemente.[59] A síntese concisa foi possibilitada por (I) uma ativação C-C catalisada por Rh para a construção de uma estrutura de carbono tetracíclica (A-B-C-D), (II) uma ativação C-H regiosselectiva catalisada por Pd para a incorporação de ligações duplas no anel-C e (III) um rearranjo do tipo Beckmann foi realizado para a inserção do átomo de azoto no anel-D (Esquema 31). A benzilciclobutenona **173** foi obtida à escala de um grama por [2 + 2] cicloadição do composto **172** com LiTMP recentemente preparado a -78 °C na presença de enolato de lítio, que foi gerado in situ a partir de THF e nBuLi num recipiente separado, seguido de oxidação de Dess-Martin (DMP) e remoção de MOM em condições ácidas. Um acoplamento entre **173 e** 174 e a subsequente olefinação de Wittig com metil trifenil fosfónio ylide, forneceu o precursor vital de ativação C-C **175** com um rendimento global de 45% em duas etapas. O produto tetracíclico **176** foi obtido como um único diastereoisómero com um rendimento isolado de 71% (79% com base no material de partida recuperado, brsm) quando se aplicou [Rh(CO)$_2$ Cl]$_2$ (5 mol%) e o ligando monodentado P(C F)$_{653}$ (22 mol%). A condensação da cetona tetracíclica **176** com a hidroxilamina deu origem à oxima **177** (1:1,2 isómeros E/Z) em rendimento quantitativo, que sofreu um rearranjo espontâneo de Beckmann após a tosilação de **177**, seguida de tratamento com THF/água em agitação a temperatura moderada, dando origem à amida desejada **179** (63% de rendimento) juntamente com o seu regioisómero **178** (32% de rendimento). A análise cristalográfica de raios X das amidas **178** e **179** estabeleceu também a sua estereoquímica e estruturas. A reação de oxidação catalisada por Pd(TFA)$_2$ através da ativação C-H regio-selectiva teve lugar na ceto-amida saturada **181** para dar a desejada cetona insaturada **181** em 45% de rendimento isolado (68% com base no material de partida recuperado). Posteriormente, foi convertida diastereoselectivamente em (-)-galantamina através de dupla redução consecutiva utilizando L-Selectride e LiAlH4 com um rendimento de 59% (Esquema 31). Os dados espectroscópicos da galantamina (**155**) estão em conformidade com os dados registados.

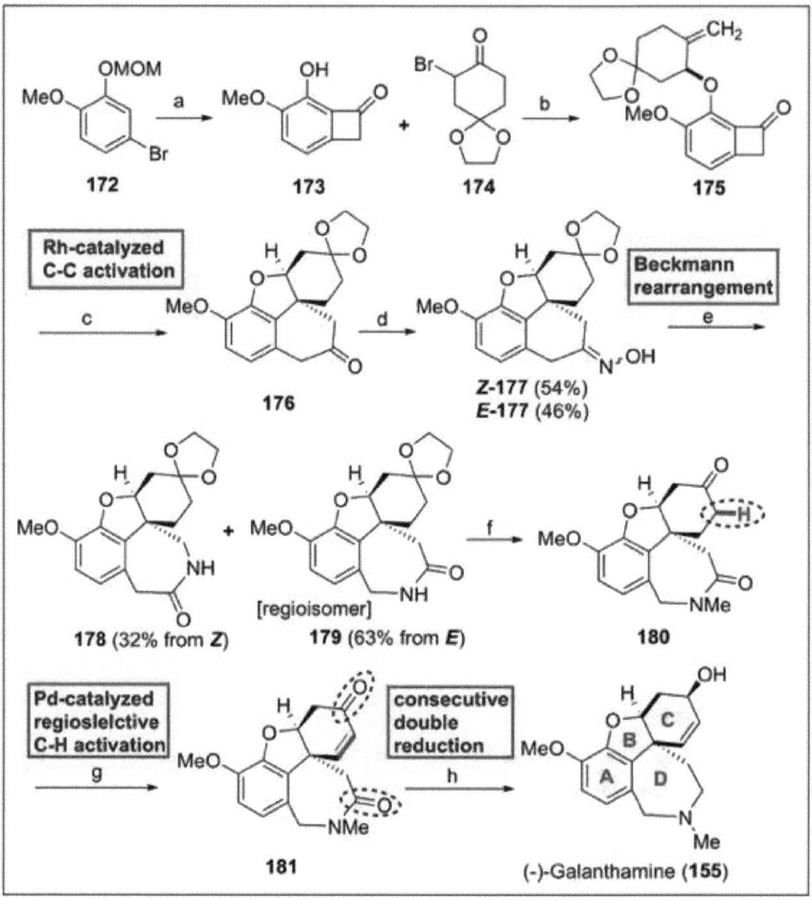

Esquema 31: Síntese da galantamina: Reacções e Condições: (a) (1) LiTMP,n-BuLi, THF, 64%; (2) DMP-oxidação, $CH_2 Cl_2$; (3) 3N HCl, 79% (2 passos); (b) (1) $K_2 CO_3$, **174;** (2) $H_3 CPPh_3$ Br, n-BuLi, THF, 45% (2 etapas); (c) 5mol% [Rh(CO)$_2$ Cl]$_2$, 22 mol% P(C F)$_{653}$, dioxano,130 °C,19 h, 71%; (d) $NH_2 OH$, (1:1.2 isómeros E/Z) >99%; e)TsCl, THF-$H_2 O$, 95%; f) (1) MeI; (2) HCl 2N, 78% (2 etapas); (g) 20 mol% de Pd(TFA)$_2$, 24 mol% de ligando (pré-misturado com DMSO e adicionado em seis porções), 45% [68% com base no material de partida recuperado (brsm)]; (h) (1) L-Selectride; (2) $LiALH_4$, 97%.

Todos estes protocolos passam por condições de reação difíceis, baixo rendimento global e catálise de metais de transição fatal para o ambiente. Assim, o emprego do método eletroquímico é inevitável no estado atual.

1.10.3. Síntese eletroquímica.

Recentemente, Thomas Wirth e colaboradores desenvolveram um protocolo para sintetizar a (-)-galantamina através de uma reação de acoplamento anódico aril-aril num reator de fluxo eletroquímico.[60] Começando com material facilmente disponível metil D-tirosina (**183**) e produto derivado de biomassa metil galato (**182**); o composto **184** foi sintetizado em 6 etapas. Posteriormente, após oxidação anódica aplicando uma corrente constante de 32 mA utilizando a eletrólise de fluxo através de grafite como ânodo e platina sobre titânio como cátodo num solvente instável como o trifluoroetanol (TFE) sem adição de qualquer eletrólito de suporte, obteve-se um esqueleto tricíclico **185** (esquema 32). Após o passo-chave eletroquímico, procedeu-se à desproteção do benzilo para obter a estrutura de carbono tetracíclica (A-B-C-D) mais desejada. Agora, a conversão inteligente do grupo funcional de uma forma hábil produziu o produto natural (-)-Galantamina (**155**) com uma diastereoselectividade de 3,3:1 devido à adição de oxa-Michael na parte superior da dienona (Esquema 32).

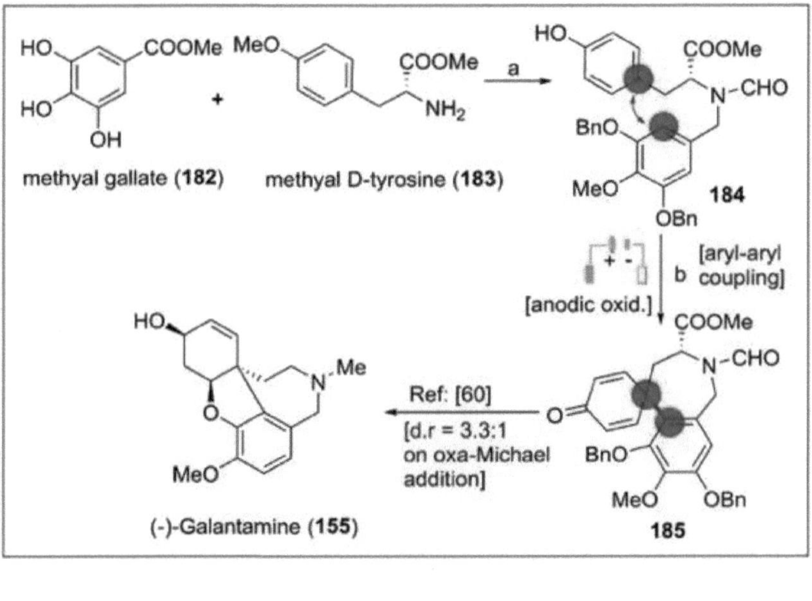

Esquema 32: Síntese da galantamina: Reacções e Condições: (a) (1)(a) 6 passos, ver referência: [60]; (b) Eletrólise de fluxo numa célula não dividida, C (+) - Pt sobre Ti (-), 0,5 mL/min, 32 mA, 2 F, trifluoroetanol (TFE).

O mecanismo detalhado da ciclização electro-oxidativa para obter **185** a partir de **184** não foi fornecido pelos autores. Muito provavelmente, seguiu o caminho mecanístico descrito por Waldvogel e colaboradores[61] no seu recente artigo de revisão.

Referências:

1. (a) Daly, J. A.; Spande, T. F.; Garraffo, H. M. *J. Nat. Prod.* **2005**, 68, 1556-1575; (b) Buffat, M. G. P. Tetrahedron **2004**, 60, 1701; (c) Baliah, V.; Jeyaraman, R.; Chandrasekaran, L. *Chem. Rev.* **1983**, 83, 379; (d) Strunz, G. M.; Findlay, J. A. *In The Alkaloids; Brossi, A., Ed.; Academic Press: New York*, **1985**, *26*, 89-183.

2. Toxicologia Molecular, Clínica e Ambiental, Volume 1: *Toxicologia Molecular. 1* Springer, 20.

3. Kong, J. M.; Goh, N. K.; Chia, L. S.; Chia T. F. *Ata Pharmacologica Sinica* **2003**, *24*, 7-21.

4. Tokuyama, T.; Nishimori, N.; Shimada, A.; Edwards, M. W.; Daly, J. W. *Tetrahedron* **1987**, *43*, 643-657.

5. Tsuneki, H.; You, Y.; Toyooka, N.; Kagawa, S.; Kobayashi, S.; Sasaoka, T.; Nemoto, H.; Kimura, I.; Dani, J. A. *Mol. Pharmacol.* **2004**, *66*, 1061-1069.

6. Woodward, R. B.; Doering, W. E.; *J. Am. Chem. Soc.,***1944**, *66*, 849 e **1945**, *67*, 860.

7. Bandyopadhyay, A.; Sarkar, R. *Curr. Green Chem,* **2024**, *11*, 148- 171.

8. (a) Slosse, P.; Hootele C. *Tetrahedron Lett.,* **1978**, *19*, 397-398; (b) Slosse, P.; Hootele, C. *Tetrahedron,* **1981**, *24*, 4287-4294. (c) Michael, J. P. *Nat. Prod. Rep.,* **2004**, *21*, 625-649.

9. Comins, D. L.; LaMunyon, D. H. J. *Org. Chem.,* **1992**, *57*, 5807-5809.

10. Davis, F. A.; Xu, H.; Zhang, J. *J. Org. Chem.,* **2007**, *72*, 2046-2052.

11. Pizzuti, M. G.; Minnard, A. J.; Feringa, B. L. *Org. Biomol. Chem.,* **2008**, *6*, 3464-3466.

12. Vu, V. H.; Louafi, F.; Girard, N.; Marion, R.; Roisnel, T.; Dorcet, V.; Hurvois, J. P. *J. Org. Chem.,* **2014**, *79*, 3358-3373.

13. Edwards, M. W.; Daly, J. W. *J. Nat. Prod.,* **1988**, *51*, 1188-1197.

14. Abrunhosa-Thomas, I.; Plas, A.; Vogrig, A.; Kandepedu, N.; Chalard, P.; Troin, Y. *J. Org. Chem.,* **2013**, *78*, 2511-2526.

15. Saha, N.; Chattopadhyay, S. K. *J. Org. Chem.,* **2012**, *77*, 11056-11063.

16. (a) Wagner, H.; Lin, L. Z.; Seligmann, O. *Planta Med.* **1984**, *50*, 14-16; (b) Wu,

W. N.; Liao, W. T.; Mahmoud, Z. F.; Beal, J. L.; Doskotch, R. W. *J. Nat. Prod.* **1980,**

43, 472-481.

17. (a) Wagner, H.; Lin, L. Z.; Seligmann, O. *Planta Med.,* **1984**, *50*, 14-16; (b) Wu, W. N.; Liao, W. T.; Mahmoud, Z. F.; Beal, J. L.; Raymond, R. W. *J. Nat. Prod.,* **1980**, *43*, 472-481.

18. Nguyen, V. K.; Kou, K. G. M. *Org. Biomol. Chem.,* **2021**, *19*, 7535-7543.

19. Blank, N.; Opatz, T. *J. Org. Chem.,* **2011**, *76*, 9777-9784.

20. Werner, F.; Blank, N.; Opatz, T. *Eur. J. Org. Chem.,* **2007**, *23*, 3911-3915.

21. (a) Kawabata, Y.; Naito, Y.; Saitoh, T.; Kawa, K.; Fuchigami, T.; Nishiyama, S. *Eur. J. Org. Chem.* **2014**, 99-104; (b) Naito, Y.; Tanabe, T.; Kawabata, Y.; Ishikawa, Y.; Nishiyama, S. *Tetrahedron Lett.,* **2010**, *51, 4776-4778*. Num procedimento prático, após oxidação anódica [CCE, 10 mA/cm2, Pt (+) - Pt (-)], os produtos brutos foram submetidos a redução [CCE, 10 mA/cm2, Zn (+) - Zn (-)] para dar o produto clorado correspondente.

22. Aceto, M. D.; Harris, L. S.; Abood, M. E.; Rice, K. C *European Journal of Pharmacology.* **1999**, *365 (2-3)*, 143.

23. Geffe, M.; Opatz, T. *Org. Lett.* **2014**, *16*, 5282-5285.

24. Tan, S.; He, Y. T.; Lan, P.; Banwell, M. G.; White, L. V. *Synthesis.* **2023**, *55*, 1700-1705.

25. Lipp, A.; Ferenc, D.; Gütz, C.; Geffe, M.; Vierengel, N.; Schollmeyer, D.; Schäfer, H. J.; Waldvogel, S. R.; Opatz, T. *Angew. Chem. Int. Ed,* **2018**, *57*, 11055-11059.

26. (a) L. L. Miller, F. R. Stermitz, J. Y. Becker, V. Ramachandran, *J. Am. Chem. Soc.* **1975**, *97*, 2922-2923; (b) L. Christensen, L. L. Miller, *J. Org. Chem.* **1981**, *46*, 4876-4880.

27. Rockl, J. L.; Pollok, D.; Franke, R.; Waldvogel, S. R. *Acc. Chem. Res.,* **2020**, *53*, 45-61.

28. Jakubska, A.; Przado, D.; Steininger, M.; Aniol-Kwiatkowska, A.; Kadej, M. *Appl. Ecol. Env. Res.* **2005**, *3*, 29-38.

29. (a) Heiskanen, T.; Kalso, E. *Pain,* **1997**, *73*, 37; (b) Mercadante, S.; Arcuri, E. *Cancer Treat. Rev.* **1998**, *24*, 425-432. (c) Watson, C. P.; Babul, N. *Neurology* **1998**, *50*, 1837; (d) Silvestri, B.; Bandieri, E.; Del Prete, S.; Ianniello, G. P.; Micheletto, G.; Dambrosio, M.; Sabbatini, G.; Endrizzi, L.; Marra, A.; Aitini, E.; Calorio, A.; Garetto, F.; Nastasi, G.; Piantedosi, F.; Sidoti, V.; Spanu, P. *Clin. Drug Investig.* **2008**, *28*, 399-407.

30. Kimishima, A.; Umihara, H.; Mizoguchi, A.; Yokoshima, S.; Fukuyama, T. *Org. Lett.* **2014**, *16*, 6244-6247.

31. Park, K. H.; Chen, D. Y. K. *Chem.Commun.* **2018**, *54*, 13018-13021.

32. Lipp, A.; Selt, M.; Ferenc, D.; Schollmeyer, D.; Waldvogel, S. R.; Opatz, T. *Org. Lett.* **2019**, *21*, 1828-1831.

33. (a) Sofowora, A. *Medicinal Plants and Traditional Medicine in Africa, 1ª ed.; John Wiley and Sons: Chichester, UK,* **1982**, 221-223; (b) Molina, A.; Vaquero, J. J.; Garcia-Navio, J. L.; Alvarez-Builla, J.; Pascula-Terasa, B.; Gago, F.; Rodrigo, M. M.; Ballestros, M. *J. Org. Chem.* **1996**, *61*, 5587-5599. (c) Dassonviville, L.; Bonjean, K.; De Pauw-Gillet, M. C.; Colson, P.; Houssier, C.; Quetin-Leclercq, J.; Angenot, L.; Bailly, C. *Biochemistry* **1999**, *38*, 7719-7726.

34. Dhanabal, T.; Sangeetha, R.; Mohan, P. S. *Tetrahedron,* **2006**, *62*, 6258.

35. Meyers, C.; Rombouts, G.; Loones, K. T. J.; Coelho, A.; Maes, B. U. W. *Adv. Synth. Catal.* **2008**, *350*, 465-470.

36. Hou, Z. W.; Mao, Z. Y.; Zhao, H. B.; Melcamu, Y. Y.; Lu, X.; Song, J.; Xu, H. C. *Angew. Chem. Int. Ed.* **2016**, *55(32)*, 9168-9172.

37. Üstünes, L.; Özer, A.; Laekeman, G. M.; Corthout, J.; Pieters, L. A. C.; Baeten, W.; Herman, A. G.; Claeys, M.; Vlietinck, A. J. J. *Nat. Prod.* **1991**, *54*, 959-966.

38. Wanner, M. J.; Velzel, A. W.; Koomen, G. J. J. *Chem. Soc., Chem. Comm.* **1993**, 174-175.

39. Diker, K.; Biach, K. E.; de Maindreville, M. D.; Levy, J. *J. Nat. Prod.* **1997**, *60*, 791-793.

40. Kabeshov, M. A.; Musio, B.; Murray, P. R. D.; Browne, D. L.; Ley, S. V. *Org. Lett,* **2014**, *16(17)*, 4618-4621.

41. (a) Grundon F, M. *Natural Product Reports*, **1989**, *6*, 85; (b) Maddry, J. A.; Joshi, B. S.; Ali, a. A.; Newton, M. G.; Pelletier, S. W. *Tetrahedron Letts,* **1985**, *26*, 4301.

42. (a) Abdelhafiz, M. A.; Ramadan, M. A.; Jung, M. L.; Beck, J. P.; Anton, R. *Planta Med.* **1991**, *57*, 437-439. (b) Ghosal, S.; Lochan, R.; Kumar, A. Y.; Srivastava, R. S. *Phytochemistry* **1985**, *24*, 1825-1828. (c) Chattopadhyay, S.; Chattopadhyay, U.; Mathur, P.; Salni, K. S.; Ghosal, S. *Planta Med.,* **1983**, *49*, 252.

43. Black, D. C.; Keller, P. A.; Kumar, N. *Tetrahedron Lett.* **1989**, *30*, 5807- 5808.

44. Boger, D. L.; Wolkenberg, S. E. *J. Org. Chem.* **2000**, *65*, 9120-9124.

45. Ganton, M. D.; Kerr, M. A. *Org. Lett.* **2005**, *7*, 4777-4779.

46. Okamoto, K.; Chiba, K..*Org. Lett.* **2020**, *22*, 3613-3617.

47. (a) Chiba, K.; Miura, T.; Kim, S.; Kitano, Y.; Tada, M. *J. Am. Chem. Soc.* **2001**, *123*, 11314-11315; (b) Miura, T.; Kim, S.; Kitano, Y.; Tada, M.; Chiba, K. *Angew. Chem., Int. Ed.* **2006**, *45*, 1461-1463.

48. Blackman, A. J.; Hambley, T. W.; Picker, K.; Taylor, W. C.; Thirasasana, N. *Tetrahedron Lett.* **1987**, *28*, 5561.

49. (a) Cockrum, P. A.; Colegate, S. M.; Edgar, J. A.; Flower, K.; Gardner, D.; Willing, R. I. *Phytochemistry* **1999**, *51*, 153; (b) Sears, J. E.; Boger, D. L. *Acc. Chem. Res.* **2015**, *48*, 653.

50. Higuchi, K.; Sato, Y.; Tsuchimochi, M.; Sugiura, K.; Hatori, M.; Kawasaki, T. *Org. Lett.* **2009**, *11*, 197.

51. Douki, K.; Ono, H.; Taniguchi, T.; Shimokawa, J.; Kitamura, M.; Fukuyama, T. *J. Am. Chem. Soc.* **2016**, *138*, 14578.

52. Hou, Z. W.; Yan, H.; Song, S. J.; Xu C. H. *Chin. J. Chem.* **2018**, *36*, 909-915.

53. (a) Cassayre, K.; Gagosz, F.; Zard, S. Z. *Angew. Chem. Int. Ed.* **2002**, *41*, 1783-1785. (b) Fuentes, N.; Kong, W. Q.; FernandezSanchez, L.; Merino, E.; Nevado, C. *J. Am. Chem. Soc.* **2015**, *137*, 964-973.

54. (a) Lennox, A. J. J.; Nutting, J. E.; Stahl, S. S. *Chem. Sci.* **2018**, *9*, 356-361; (b) Wu, Z. J.; Li, S. R.; Long, H.; Xu, H. C. *Chem. Commun.* **2018**, *54*, 4601-4604.

55. (a) Proskurnina, N. f.; Yakovleva, A. P. *J. Gen. Chem. USSR*, **1952**, *22*, 1899-1902. (b) Kondo, H.; Tomimura, K.; Ishiwata, S. *J. Pharm. Soc. Jpn.*, **1932**, *52*, 51.

56. Scott, L. J.; Goa, K. L. *Drugs,* **2000**, *60*, 1095-1122.

57. Küenburg, B.; Czollner, L.; Fröhlich, J.; Jordis, U. *Org. Process Res. Dev.,* **1999**, *3*, 425-431.

58. Trost, B. M.; Toste, F. D. *J. Am. Chem. Soc.,* **2000**, *122*, 11262-11263.

59. Zhang, Y.; Shen, S.; Fang, H.; Xu, T. *Org. Lett.,* **2020**, *22*, 1244-1248.

60. Xiong Z.; Weidlich F.; Sanchez C.; Wirth T. *Org. Biomol. Chem.,* **2022**, *20*, 4123-4127.

61. Rockl, J. L.; Pollok, D.; Franke, R.; Waldvogel, S. R. *Acc. Chem. Res.,* **2020**, *53*, 1, 45-61.

2. TERPENOIDE

Introdução:

Os terpenóides, também conhecidos pelo nome de isoprenóides, são uma classe de compostos orgânicos de ocorrência natural, derivados do isopreno (uma unidade olefínica contendo cinco carbonos) e seus derivados. São a maior classe de metabolitos secundários das plantas que não são produzidos diretamente durante o crescimento e desenvolvimento das plantas. Os fitoesteróis, lípidos acilo, nucleótidos, aminoácidos, ácidos orgânicos, etc. são os metabolitos primários das plantas que desempenham um papel metabólico vital para a construção de metabolitos secundários.

Desde a antiguidade até à atualidade, os produtos naturais (metabolitos secundários) têm sido considerados inestimáveis no tratamento de diferentes tipos de doenças humanas. Constituem a fonte mais rica de componentes com uma enorme diversidade estrutural, com grande significado comercial e mediático. Também exploraram o seu potencial no domínio da descoberta de novos fármacos e do desenvolvimento de produtos farmacêuticos. Com o aumento das doenças potencialmente fatais e da resistência aos medicamentos, a necessidade de explorar moléculas bioactivas naturais tornou-se uma tarefa inevitável. Nas últimas duas décadas, verificou-se que mais de 34% dos novos medicamentos de pequenas moléculas aprovados pela Food and Drug Administration (FDA) no período de 1981 a 2010 eram efetivamente de origem natural ou derivados de produtos naturais.[1]

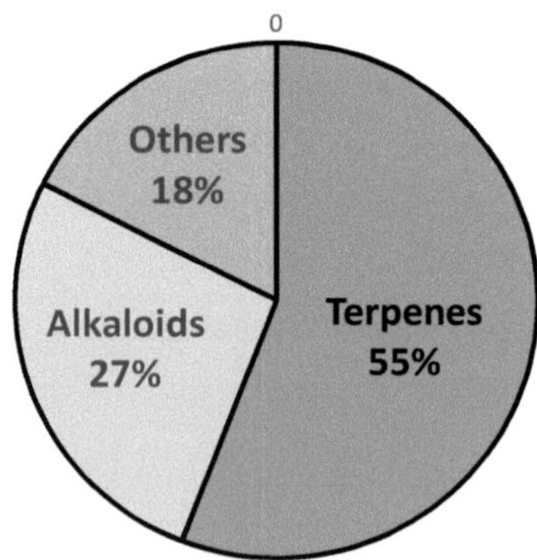

Figura 1: Gráfico de pizza representando os metabolitos secundários das plantas.

Juntamente com as unidades de isopreno, os terpenóides apresentam-se em várias estruturas químicas, que podem ser hidrocarbonetos lineares, mono ou policíclicos ou esqueletos carbocíclicos quirais com diferentes modificações químicas, como grupos hidroxilo, cetona, aldeído e peróxido.[2] Têm encontrado diversas aplicações nos domínios da medicina,[3,4] cosmética,[5] indústria alimentar,[6] e agricultura.[7]

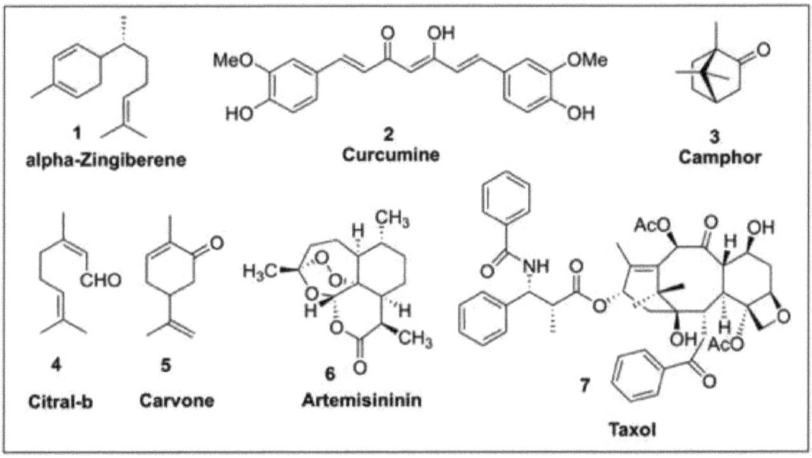

Figura 2. Estrutura química de vários tipos de terpenóides acíclicos, monocíclicos e policíclicos com funcionalidade variável.

A diversidade das estruturas ajuda os terpenóides a desenvolver a sua utilização medicinal e as suas aplicações comerciais como agentes aromatizantes, fragrâncias e especiarias. Além disso, os terpenóides estabeleceram-se recentemente como fortes actores no mercado dos biocombustíveis. Entre os terpenóides com aplicações médicas estabelecidas contam-se a artemisinina antimalárica[8] e o taxol[9] (Figura -2), anticancerígeno e anti-Doença de Alzheimer, devido à sua grande potência, bem como à sua seletividade contra as chamadas células cancerígenas e à sua baixa toxicidade para as células normais. Em 2015, o Prémio Nobel foi atribuído a Youyou pelo seu isolamento e caraterização da substância antimalárica artemisinina do caule e da folha da planta medicinal Artemisia annua (Figura 3), o que representa uma dádiva da medicina tradicional chinesa ao mundo como tratamento de primeira linha para a malária causada pelo Plasmodium falciparum, recomendado pela Organização Mundial de Saúde (OMS).

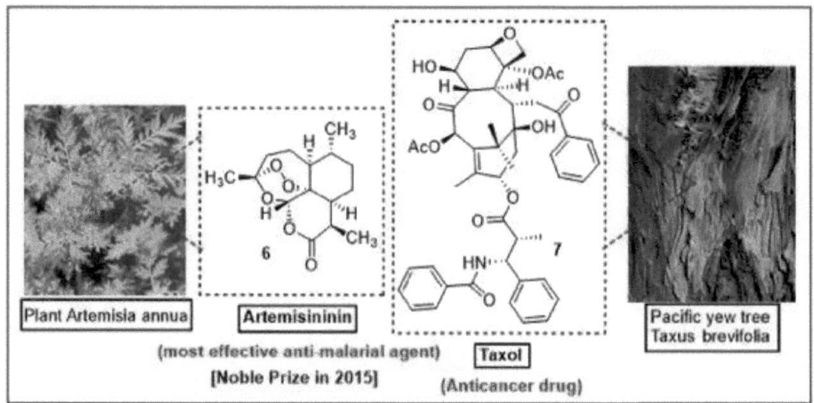

Figura 3: Artemisinina (**6**), o medicamento anti-malária mais eficaz do mundo, isolado do caule e da folha da planta medicinal Artemisia annua, enquanto o Taxol (**7**), um agente anti-cancro extraído das agulhas e da casca do teixo do Pacífico, Taxus brevifolia,

No entanto, o Taxol (**7**), extraído das agulhas e da casca do teixo do Pacífico Taxus brevifolia,[9c] foi considerado um medicamento potencial para o tratamento de vários tipos de cancro (Figura 3).

Como são estruturados os esqueletos dos terpenos:

O isopreno (2-metil buta-1,3-dieno, $C H_{58}$) é o "bloco de construção" dos terpenóides. A chamada regra do isopreno[10] afirma que todos os terpenóides derivam da união ordenada, cabeça-cauda, de unidades de isopreno. A fusão cabeça-cauda (1-4 ligações) é a mais comum na constrição de terpenóides. No entanto, também ocorre a condensação não cabeça-cauda (ligação 4-4) e cabeça-cabeça (ligação 1-1) da unidade de isopreno. Alguns dos compostos são formados por fusões de cabeça para meio para dar terpenóides irregulares (Figura-4).

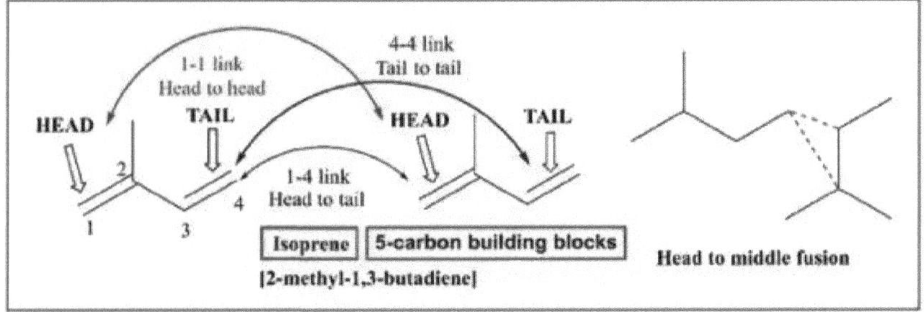

Figura 4 : Probabilidade de fusão da unidade de isopreno para construir a espinha dorsal dos terpenóides.

Classificação:

Os terpenóides são classificados em seis categorias principais, consoante o número de unidades de isopreno (C H_{58} , ponto de ebulição = 34°C) que contêm (Figura 3). Os monoterpenóides são constituídos por uma estrutura de 10 carbonos (2 unidades de isopreno) e podem ser divididos em três subgrupos: acíclicos, monocíclicos e bicíclicos. Dentro de cada grupo, os monoterpenóides podem ser hidrocarbonetos simples insaturados ou podem ter grupos funcionais como álcoois, aldeídos e cetonas. Exemplos alifáticos comuns incluem o mirceno, o citral, o geraniol, o lavandulol e o linalol, etc.

Os sesquiterpenóides são derivados de três unidades de isopreno (unidade C15) e existem numa grande variedade de formas, incluindo estruturas lineares, monocíclicas, bicíclicas e tricíclicas. São o grupo mais diversificado de terpenóides. Os exemplos mais característicos de compostos pertencentes a cada um dos grupos mencionados são o α-Zingibereno, o partenolídeo, a santonina, a artabsina, a matricina, a alantolactona, a tapsigargina, a helenalina, os germacranolídeos, os eudesmanolídeos e os guaianolídeos, etc. Os diterpenóides têm um esqueleto de carbono C20 baseado em quatro unidades de isopreno. Podem ser lineares, monocíclicos, policíclicos ou macrocíclicos com vários grupos funcionais, por exemplo, taxol, ginkgolide A, pleuromutilinas, etc. (quadro 1).

Nome	Número de unidades de isopreno	Número de carbonos
Monoterpenos	2	10
Sesquiterpenos	3	15
Diterpenos	4	20

Triterpenos	6	30
Tetraterpenos	8	40
Politerpenos	>8	

Tabela 1. Classificação dos terpenóides.

Os triterpenóides são compostos com um esqueleto de carbono baseado em seis unidades de isopreno que são derivados biossinteticamente do hidrocarboneto acíclico C30, o esqualeno. Apresentam estruturas cíclicas relativamente complexas, sendo a maioria álcoois, aldeídos ou ácidos carboxílicos.[11] Por exemplo, ácido oleanóico, ácido ursólico, lupeol, botulina, etc. Os tetraterpenóides são constituídos por oito unidades de isopreno e têm a unidade C40. Os tetraterpenóides mais comuns são os carotenóides, que são pigmentos naturais solúveis em gordura. Outros exemplos são o licopeno, o β-caroteno, a luteína, etc. Os politerpenóides são formas poliméricas de terpenóides que contêm mais de oito unidades de isopreno, por exemplo, as borrachas naturais (Cis) e a guta-percha (trans). Todos estes terpenóides extraídos de diferentes partes de plantas têm uma grande atividade biológica, que pode ser utilizada in vitro e in vivo para a descoberta de novos medicamentos na indústria farmacêutica.

Mas o problema é que muito poucos terpenóides são produzidos nas plantas em comparação com as nossas necessidades. A síntese de terpenóides complexos através de métodos sintéticos convencionais de muitas etapas incentivou a comunidade sintética a desenvolver uma forma fácil e escalável de os fornecer para a produção de vários medicamentos que salvam vidas na indústria farmacêutica. A electrossíntese tem potencial para resolver este problema químico devido a (i) uma abordagem ecológica, uma vez que a eletricidade é utilizada como reagente, (ii) uma síntese orientada para o objetivo, reduzindo as etapas sintéticas convencionais, aumentando assim os rendimentos e (iii) produzindo uma quantidade mínima de subprodutos ou nenhum subproduto. Neste capítulo, será discutida a síntese de alguns terpenóides bem conhecidos, em que a eletroquímica foi utilizada para resolver as principais etapas da síntese.

2.1. Diterpeno de pirona.

2.1.1. Fonte natural:

Pironas diterpenóides são uma classe importante de produtos naturais com uma fração de pirona fundida com decalina (Fig.-5) no núcleo.[12] São extraídas de algumas estirpes de fungos como Fusarium subglutinan, Colletotrichum higginsianum, Acremonium, etc. A sesquicilina (Figura 5) é um produto de fermentação relacionado com isoprenóides C29 isolado de Acremonium sp., estirpe 132-94.[13] Foram também descobertas muitas diterpenoidpironas novas a partir do fungo Eupenicilliumshearii e as suas actividades enzimáticas biossintéticas foram expostas. Vários destes produtos naturais apresentam uma vasta gama de propriedades biológicas, tais como actividades insecticidas, anti-hipertensivas, broncoespasmolíticas, anti-inflamatórias, laxantes, anticancerígenas e imunossupressoras.[14] No entanto, as suas relações estrutura-atividade (SAR) desempenham um papel fundamental para os seus estudos biológicos posteriores devido, provavelmente, à diversidade estrutural limitada do microrganismo. Consequentemente, o desenvolvimento de métodos sintéticos eficientes e flexíveis para esta classe de produtos naturais e compostos relacionados é bastante desejável e útil do ponto de vista da química medicinal e dos produtos farmacêuticos.

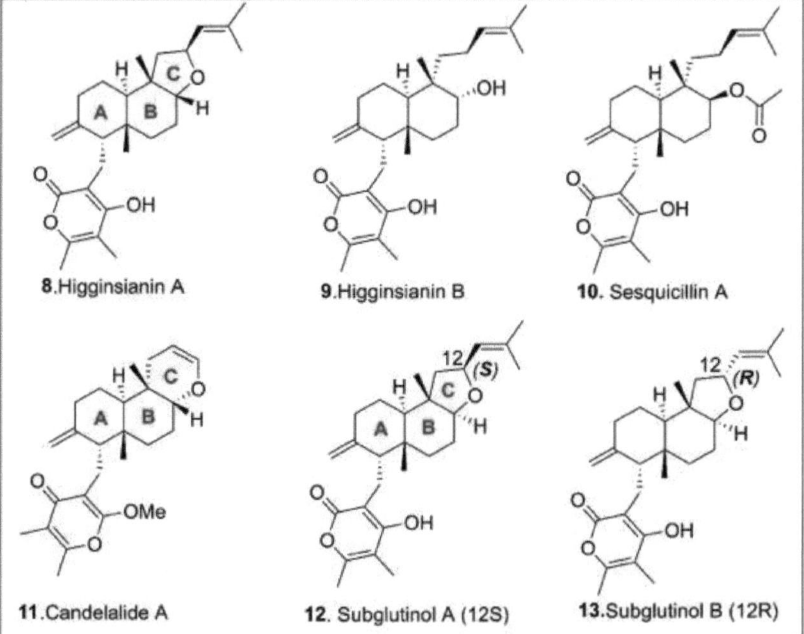

Figura 5. Exemplos de algumas pironas diterpenóides importantes.

71

2.1.2. Abordagem sintética anterior.

I. (±)-Sesquicilina, por Zhang e Danishefsky, 2002:[15]

A primeira síntese total da sesquicilina racémica (**10**) foi comunicada pelo grupo de Zhang e Danishefsky[15] no laboratório da Universidade de Columbia em 2002 (Esquema-1). Aqui, três passos cruciais são elegantemente utilizados (i) rearranjos [3,3]-sigmatrópicos relacionados com Eschenmoser-Claisen para obter o composto **18** a partir de **17**, (ii) acoplamento do tipo Aldol de 18 com 19 utilizando uma base forte como o LDA e (iii) o produto de acoplamento **21** é então transformado no alvo (±)-**10** com a construção do anel α-pirona sob condições de refluxo utilizando DBU como base em benzeno solvente aprótico (Esquema-1). Em primeiro lugar, a cetona (±)-5-metil-Wieland-Miescher (**14**) é transformada em **15** em duas etapas[16] .Outras etapas importantes são a redução estereosselectiva do grupo carbonilo C-3 em **15**, a proteção do álcool resultante por éter TBS, a hidroboração seguida de tratamento oxidativo com PCC do álcool primário subsequente que, na reação de Wittig com $Ph\,P_3^+\,CHMe\,I_2^-$, produziu a olefina **16** (46% em cinco etapas) após a remoção da fração acetal por PPTS ácido. Outra redução do grupo carbonilo C-9 em **16** com $NaBH_4$ seguida de ácido produziu **17 com um** rendimento global de 80% a partir de **16**. O intermediário-chave **17** foi então submetido ao rearranjo crucial de Eschenmoser-Claisen com N, N-dimetilacetamida dimetilacetal em m-xileno sob condições de refluxo para obter o produto rearranjado esperado **18** e uma elevada estereosselectividade (>20:1) em relação à posição C9 com um rendimento de 43% após a manipulação de muitos grupos funcionais em sete etapas. O intermediário **18** foi então acoplado a **19** através de uma reação do tipo aldol com uma base LDA a uma temperatura muito baixa para formar o produto acoplado desejado **20** com um rendimento de 62%. O composto **20** foi então transformado **em 21, com um rendimento de** 81%, através de uma sequência de quatro etapas, incluindo a oxidação de Dess-Martin, a desproteção do grupo TBS, a acetilação do grupo hidroxilo libertado e a remoção da parte do etileno acetal. Finalmente, a síntese de (±)-Sesquicilina [(±) **10**] foi conseguida quando **21** foi submetido a um processo de enolização/lactonização induzido por base (DBU) sob temperatura de refluxo para formar o anel de pirona-α necessário na porção trans-decalina. Assim, a síntese total foi realizada em 3,8% do rendimento global em 26 passos a partir de 14 (Esquema 1).

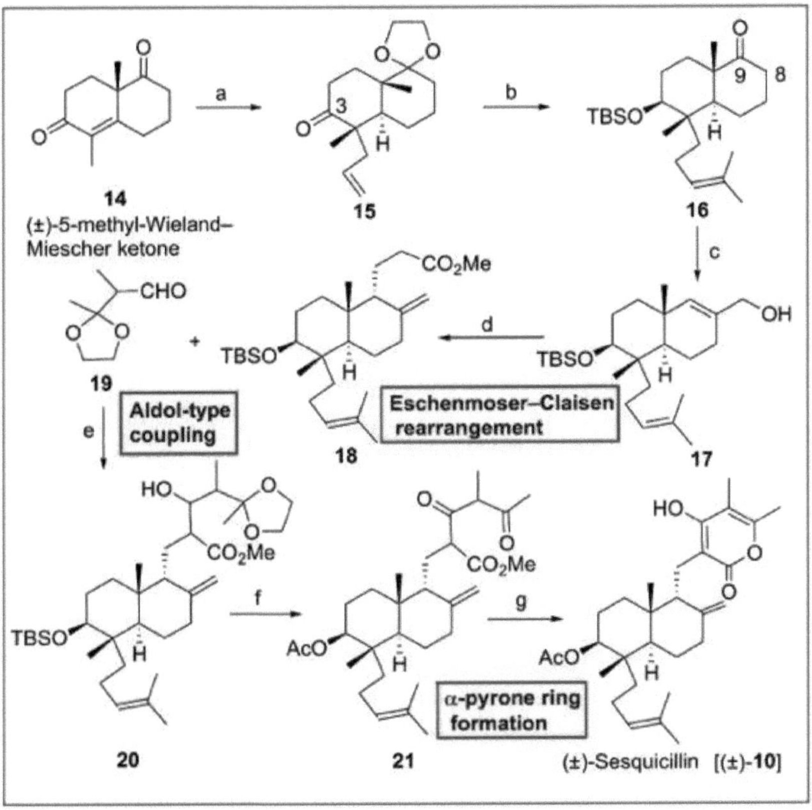

Esquema 1: Síntese de (±)-Sesquicilina [(±) 10]: Reacções e condições: (a) (1) etilenoglicol, PTSA; (2) Li/liq.NH₃ /Brometo de alilo *THF/t-BuOH*, 78°C a RT, 78% (2 etapas); (b) (1) NaBH₄ /EtOH, RT; (2) TBSOTf, 2,6-lutidina, CH₂ Cl₂ ; (3)BH₃ -THF seguido de H O₂₂ /NaOH, refluxo: (4) PCC/ CH₂ Cl₂ ;(4) iodeto de isopropiltrifenilfosfónio, *tBuLi*, DMSO; (5) PPTS, acetona, refluxo, 46% (5 etapas); (c) (1) HCO₂ Et / NaH/ THF; (2) éter etilvinílico, H₃ PO₄ (cat); (3) NaBH₄ /EtOH; (4) HCl/ THF-H₂ O; (5) NaBH₄ /EtOH 80% (5 etapas); (d) (1) N,N-dimetilacetamida dimetilacetal, m-xileno, refluxo; (2) LiBHEt₃ : (3) MsCl/ Et₃ N/ CH₂ Cl₂ ; (4) NaCN/ DMF; (5) DIBAL-H, hexanos: (6) NaClO₂ / NaH₂ PO₄ ; (7) TMSCH N₂₂ , 43% (7 etapas); (e) (1)LDA, **19**, THF, 78 °C a RT, 62%; (f) (1) DMP, CH₂ Cl₂ ; (2) HF/CH₃ CN; (3) Ac₂ O, Et₃ N, DMAP, CH₂ Cl₂ ; (4) [Pd(CH₃ CN)₂ Cl₂], acetona, 81% (4 etapas); (g) DBU, benzeno, refluxo, 61%.

II. (-)-Subglutinóis A e B por Hong et al., 2009:[17]

Em 2009, Hong e colaboradores relataram a primeira síntese total do (-)- subglutinol A **(12)** e do (-)-subglutinol B **(13)** ,[17] de ocorrência natural, através da qual também conseguiram determinar a configuração absoluta de ambos os diastereómeros. O intermediário comum **22** foi facilmente preparado[16] a partir da cetona (S)-(+)-5-metil Wieland-Miescher enantiomericamente pura **(14a)**. Quando **22** é tratado com cloreto de alilo na presença do catalisador de segunda geração de Grubbs, seguido de uma reação intramolecular S_N 2' (reação em tandem CM/S_N 2'), obtém-se **24b** como um único diastereómero (esquema 2). O objetivo seguinte era substituir um grupo vinilo em C-12 do anel C-furano, o que foi conseguido por ozonólise de **22**, adição de $(i\text{-}Pr_3 Si)\text{-}C \equiv C\text{-}$ Li, e oxidação por MnO_2 para dar γ-hidroxicetona **23**. A desoxigenação promovida pelo ácido de Lewis BF_3 e a redução estereosselectiva por $Et_3 SiH$ de **23** foram eficientemente conseguidas para fornecer outro importante intermediário **24a** através da adição do hidreto da direção oposta ao grupo metilo C17 seguido de desproteção TIPS e redução parcial do alquino pelo catalisador de Landlers. O produto ciclizado desejado **24a** foi obtido com um rendimento de 87% em três etapas como um único diastereómero. Os compostos individuais **24a** e **24b** foram então convertidos nos álcoois alílicos **25a** e **25b** adequadamente funcionalizados, seguindo os procedimentos bem conhecidos estabelecidos por Danishefsky[14a] e Katoh.[14b] O composto **25a** e **25b** foi facilmente convertido em fosfatos **26a** (92%) e **26b** (97%). A adição intermolecular crucial de S_N 2' catalisada por Cu(I) de **27** a **26a** e **26b** permitiu obter **28a** (21%, 4 passos) e **28b** (31%, 4 passos) separadamente, como diastereómeros únicos com boa regiosselectividade (S 2'/S_{NN} 2 5:1) após desproteção e oxidação imediatas com o reagente de Jones, seguidas da formação de ésteres e da metatese cruzada olefínica (CM) suave com 2-metilpropeno.A reação de aldol sucessiva de **28a** e **28b** com o aldeído **29**, seguida de oxidação neutra de Dess-Martin, forneceu o β-cetoéster **30a** (54%) e 30b (84%) em duas etapas. Para terminar, a remoção da porção 1,3-ditiana em **30a** e **30b**, seguida de ciclização mediada por DBU, conduziu ao subglutinol A **(12,** 53%) e ao subglutinol B **(13,** 54%) em duas etapas. Esta síntese total foi realizada com um rendimento global de 2,1% em 24 etapas a partir de **14a** (Esquema 2).

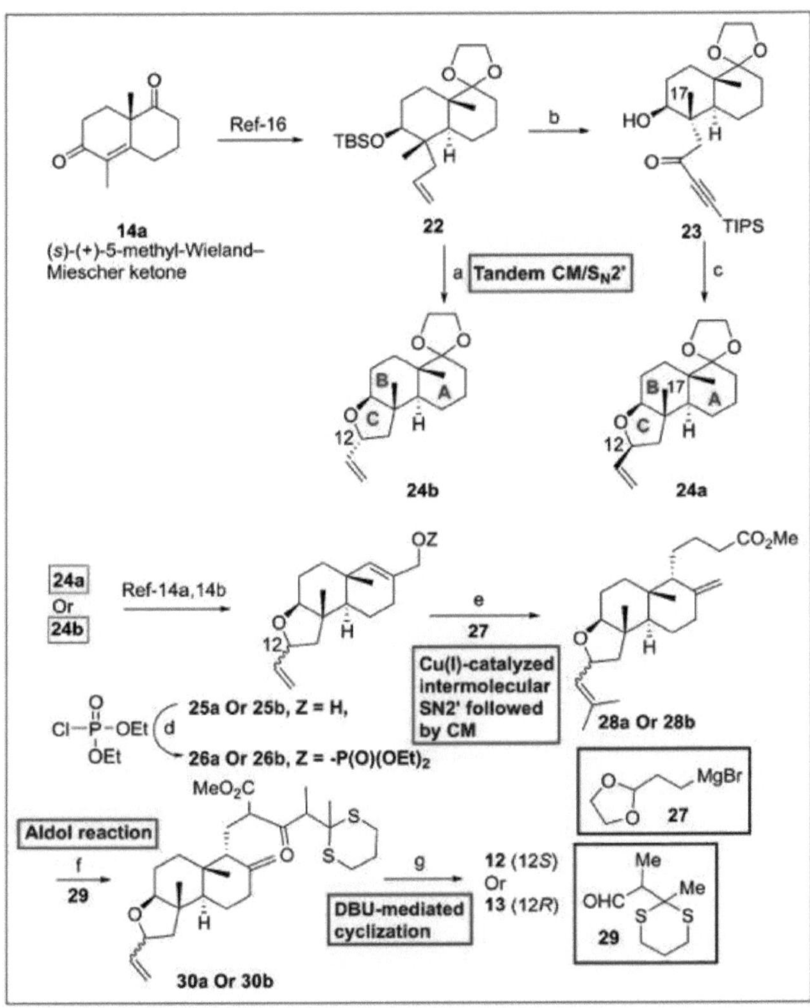

Esquema 2: Síntese do (-)-subglutinol A (12) e do (-)-subglutinol B (13): Reacções e condições: (a) cloreto de alilo, catalisador de segunda geração de Grubbs (20 mol %), $CH_2 Cl_2$, refluxo, **24b** 53%;(b) (1) O_3 , Ph_3 P: (2) (i-Pr_3 Si)-C≡ C-Li, THF, -78 a 0 °C, (3) MnO_2 , DCM, RT, 85% (3 etapas); (c) (1) BF_3 - OEt_2 , Et_3 SiH, $CH_2 Cl_2$, -78 a -20 °C; (2) TBAF, THF, RT; (3) H_2 , catalisador de Lindlar, EtOAc/ Py, 87% (3 etapas); (d) ClP(O)(OEt)$_2$, Et_3 N, DMAP, **26a**: 92%, 26b: 97%; e) (1) **27**, CuI - 2LiCl, Et_2 O/THF: (2) Reagente de Jones; (3) MeI, K_2 CO_3 , DMF; (4) 2-metilpropeno, catalisador de geração de Grubb 2nd (15 mol%), **28a**:21%, **28b**: 31%(4 etapas); f) (1) LDA, THF, -78

°C, **29**; (2) óxido de periodinano de Dess-Martin.**30a**: 54%, **30b**: 84% (2 etapas); g) (1) MeI, CaCO$_3$, CH$_3$ CN/ H$_2$ O; (2) DBU, benzeno,refluxo,**12**: 53%, **13**: 54%.

Mas os problemas em todas estas sínteses convencionais de pironas diterpenóides em várias etapas não são apenas o baixo rendimento no final da molécula alvo, mas também a enorme quantidade de reagentes estequiométricos utilizados em cada etapa, que produzem uma quantidade significativa de subprodutos perigosos. Por conseguinte, é essencial uma abordagem mais ecológica para realizar a síntese deste tipo de moléculas. A síntese eletroquímica[18] desempenha um papel importante nesse sentido.

2.1.3. Síntese eletroquímica.

Phil S. Baran e colaboradores, em 2018, apresentaram uma abordagem divergente[20] para aceder a quatro produtos naturais à base de diterpeno pirona (subglutinóis A/B, **12/13**, higginsianina A, **8** e sesquicilina A, **10**) (Esquema 3) utilizando uma química única estéreo e quimiosselectiva baseada em radicais que partiu de um bromo-alceno simples (**31**). O composto **33** foi sintetizado em duas etapas consecutivas que, após oxidação eletroquímica por chave, aplicando uma corrente constante de 10 mA através de eléctrodos de carbono em solvente de ácido acético-acetato de etilo, produziu a fração decalina mais desejada **34**. Muito provavelmente, a reação passou pela via SET, gerando radicais centrados no carbono no ânodo e evoluindo para hidrogénio gasoso no cátodo. Agora, o tratamento de **34** com H-PHOX na presença de Pd$_2$ (dba)$_3$ atingiu o ponto de divergência **35 a** partir do qual o subglutinol A (**12**) e os subglutinóis B (**13**) foram sintetizados em 9-10 passos seguindo o procedimento relatado.[19] A higginsianina A (**8**) e a sesquicilina A (**10**) também foram obtidas a partir do ponto de divergência **35** em 11-12 passos[21] com rendimento satisfatório (Esquema 3). Assim, o grupo de Baran conseguiu reduzir pelo menos 10-12 passos sintéticos, desenvolvendo uma nova via de reação estereocontrolada, contendo a técnica de policiclização radicalar oxidativa assistida electroquimicamente, que aumenta o rendimento global da família dos diterpenóides, reduzindo o rendimento dos subprodutos (Esquema 3).

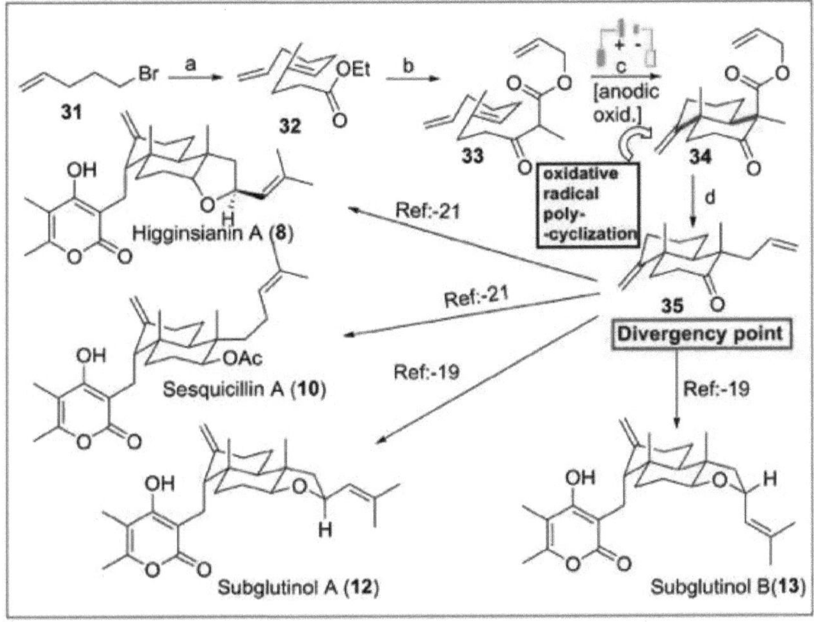

Esquema 3: Síntese eletroquímica de diterpenos de pirona: Reacções e Condições: (a) Mg; 2-formilpropeno, $(EtO)_3$ CMe, $EtCO_2$ H, Δ; (b) Propanoato de propenilo, LDA; (c) Eléctrodos de carbono, 10 mA, $Mn(OAc)_2$ (3 equiv.), $Cu(sal)_2$ (1 equiv.), KOAc, AcOH, EtOAc; d) Pd_2 $(dba)_3$, H-PHOX.

2.2. cis-Jasmon:

2.2. 1 Fonte natural :

O Cis-Jasmon (**9**) é um líquido incolor, que foi extraído do óleo de flores de jasmim. A sua estrutura foi deduzida por Lavoslav Ružička[22] em 1933. *O cis-jasmon* é produzido por certas plantas através do metabolismo do ácido jasmónico.[23] Curiosamente, *o cis-jasmon* é um produto derivado da biomassa, enquanto a trans-jasmona é um produto sintético, embora ambos os isómeros geométricos sejam amplamente utilizados na indústria dos perfumes. Na síntese biológica, supõe-se que o cis-jasmon surge através do processo de descarboxilação no percurso metabólico das plantas. Embora a maior parte do perfume de jasmim seja fabricado comercialmente seguindo o procedimento descrito na patente US4045489A inventada por Wiegers et. al. datada de 30 de agosto de 1977.

2.2.2 Abordagens sintéticas anteriores:

I. *Cis-Jasmone* por G. Pattenden 1969:[24]

O grupo de G. Pattenden iniciou a síntese a partir do 2-metilfurano (**36**) para obter a 1,4 dicetona (**40**). O composto **36** foi facilmente convertido no aldeído **37** pelo procedimento da literatura. Agora, o aldeído **37** foi submetido à reação de Wittig com propilidenotrifenilfosforano (**38**) na presença de sodamida em amoníaco líquido para obter predominantemente a *cis-olefina* (>90%, *cis*) (**39**) com um rendimento de 79%, contendo uma quantidade muito reduzida da trans-olefina correspondente. A hidrólise de **39** com ácido acético aquoso contendo ácido sulfúrico produziu 2,5-diona (**40**) em 89%. Posteriormente, foi ciclizada por reação de Aldol intramolecular, na presença de hidróxido de sódio etanólico aquoso, para obter a cis-jasmona (**41**) com um rendimento de 86%. O rendimento global da cis-jasmona (**41**) foi de 32-35% a partir de **36** (esquema 4).

Esquema 4: Síntese da cis-jasmona: Reacções e Condições: (a) $NaNH_2$, Liq. NH_3 ,38, 79%; (b) AcOH (70%), $H_2 SO_4$ (0,1ml), $H_2 O$, refluxo, 89%; (c) NaOH (0,5N), EtOH, Refluxo, 86%.

II. *Cis-Jasmone* por W. F. Berkowitz 1972[25] :

W. F. Berkowitz sintetizou elegantemente[25] cis-Jasmone (**41**) a partir do composto etil-éster contendo ciclopropano **42** em dois métodos distintos (Esquema-5). Quando o composto 42 foi tratado separadamente com cloreto de alquinilo **43** e cloreto de alilo **46** na presença de uma base forte como NaH em solvente aprótico benzeno, os produtos desejados **44** e **47** foram obtidos, respetivamente, com bom rendimento. Curiosamente, o alquino **44** pode ser facilmente convertido em olefina **47** por hidrogenação parcial utilizando o catalisador de Lindlars. Depois disso, o composto **47** foi aquecido (pirólise) com lã de vidro, obtendo-se cis-Jasmona (**41**) com excelente rendimento. O composto 44 foi convertido em cis-jasmona (**41**) de forma análoga com a ajuda de hidrogenação parcial numa etapa adicional (Esquema-5). O rendimento global da cis-jasmona (**41**) foi de 29-32% a partir de **42** (Esquema 5).

Esquema 5: Síntese da cis-jasmona: Reacções e Condições: (a) NaH, C H$_{66}$, **43**; (b) Lã de vidro, 1-3mm, 540 C° , (pirólise); (c) Pd, BaSO$_4$, H$_2$, quinolina; (d) NaH, C H$_{66}$, **46**; (e)Lã de vidro, 1-3mm, 515° C.

No entanto, em todas estas metodologias, as condições de reação são altamente agressivas e tóxicas. Além disso, são utilizados metais de transição prejudiciais para o ambiente como catalisadores. Por conseguinte, é necessária uma abordagem ecológica para a síntese da cis-jasmona e a solução surge como uma abordagem eletroquímica.

2.2.3 Síntese eletroquímica:

Recentemente, Xiaofeng Ma e colaboradores introduziram[26] um excelente método eletroquímico mais ecológico, no qual começaram por converter o derivado do ácido malónico em dicetona ou cetoéster com um rendimento muito bom a excelente (>90%). Através deste processo eletroquímico, a síntese total da *cis-jasmona* natural foi concluída com um rendimento notável (Esquema 6X). O derivado do ácido malónico (**50**) foi dissolvido em metanol amoniacal 7 M e electrolisado num elétrodo de grafite a uma corrente constante de 15 mA à temperatura ambiente durante 5 h para produzir dicetona (**51**, Esquema 6X). Assim, o ácido malónico (**50**) reage com amoníaco para produzir os correspondentes sais de amónio (**I**), que perdem um eletrão no ânodo para gerar um anião radicalar (**II**, esquema 6Y). Agora, a eliminação do CO_2 do anião radicalar **II**, seguida da doação de outro eletrão ao ânodo, gera o intermediário zwitteriónico **IV** (esquema 6Y). Nesta fase, o aprisionamento do metanol, seguido de oxidação adicional, eliminação do CO_2 e aprisionamento da segunda molécula de metanol, produz finalmente o **cetal-VIII** (esquema 6), que fornece rapidamente a dicetona 9D após tratamento ácido com HCl aquoso. Esta última foi ciclizada para produzir cis-Jasmon (**41**). O poder desta metodologia reside na simplicidade operacional, nas condições de reação suaves, na tolerância de vários grupos protectores, na ausência de reagente estequiométrico prejudicial, no tempo mínimo e, por último, mas não menos importante, no excelente rendimento. Estes produtos dicarbonílicos e policarbonílicos tornam-se importantes blocos de construção para a síntese de uma vasta gama de terpenos, compostos de carbono e heterocíclicos. O estudo mecanístico também expande o âmbito da transformação para a síntese total de produtos naturais seleccionados com um mínimo de passos e um rendimento máximo (Esquema-6).

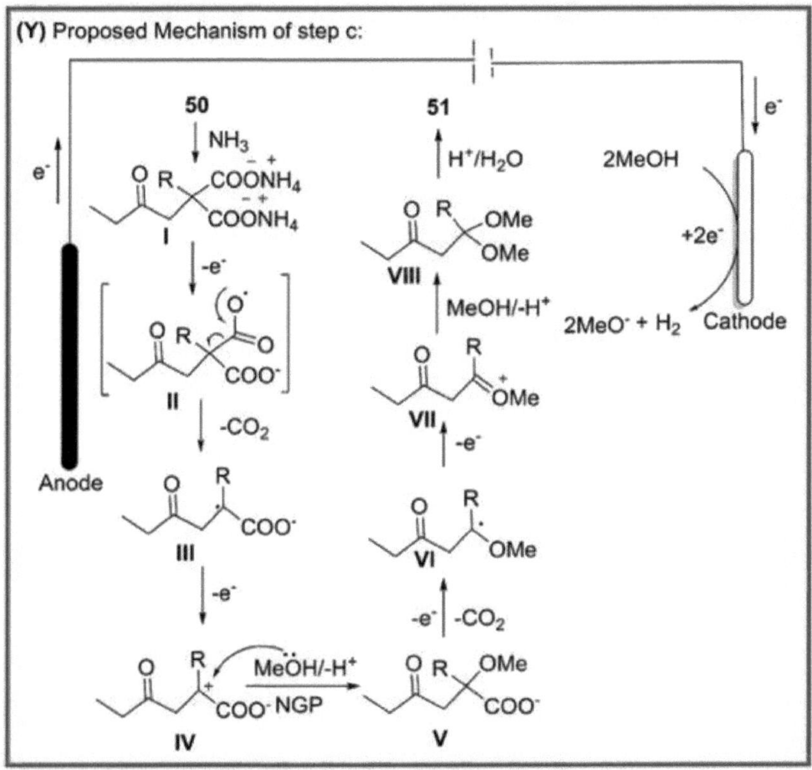

Esquema 6: Síntese eletroquímica do cis-Jasmon: Reacções e condições: (a) (1) MsCl, NEt$_3$, CH$_2$ Cl$_2$, (2) LiBr, Acetona; (b) (1) Malonato de dimetilo, NaH, THF, (2) 3-Buten-2-ona, NaB(OCH)$_{34}$, CH$_3$ CN, (3) KOH, MeOH; (c) Eléctrodos de carbono, 50 mA/cm^2 , NH$_3$ (4.2 equiv.), MeOH, 5h; em seguida, HCl 1 (M), durante a noite; (d) KOH a 5%.

2.3. Diterpenóides do 8,9-Seco-ent-kaurano:

2.3.1. Fonte natural:

Os diterpenóides 8,9-seco-ent-kaurano (Figura 6) são produtos naturais tricíclicos (A/B/C) bioactivos isolados dos géneros Rabdosia (Labiatae) e Croton (Euphorbiaceae)[27] que contêm uma fração biciclo [7.2.1] dodecano fundida com ciclohexilo invulgar ornamentada com 5-7 centros estereogénicos. Apresentam actividades inibidoras potentes contra células FM 3A/B, Hela e KB, leucemia linfocítica P388, bem como ascite de Ehrlich e carcinomas intramusculares de Walker.[28]Foram isolados quatro diterpenos 8,9-seco-ent-kaurenoides , shikoccina, O-metilshikoccina, epoxishikoccina e O-metilepoxishikoccina e três diterpenos ent-kaurenoides, shikoccidina, isodomedina e leucamenina E.[29] A estrutura de alguns diterpenos 8,9-seco-ent-kaurenoides é apresentada na Figura-6. Estruturalmente, as diferentes fracções tricíclicas dos diterpenos 8,9-seco-ent-kaurenóides podem ser vistas como o resultado de ciclização intramolecular, clivagens de ligações C-C, oxidações, degradações ou rearranjos, a partir do seu esqueleto de origem.

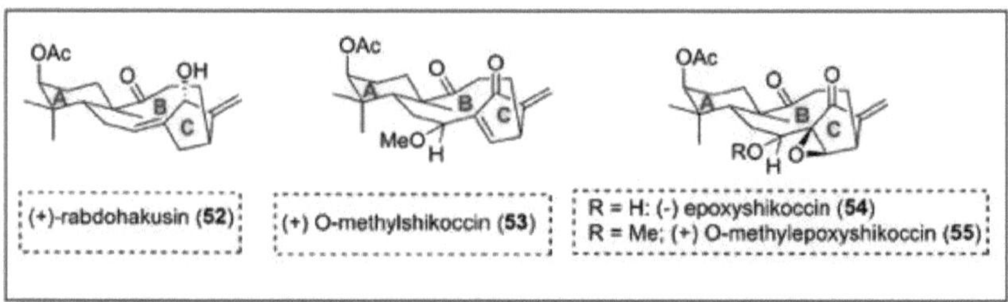

Figura-6: Alguns diterpenos 8,9-seco-ent-kaurenoides importantes.

Uma estrutura sem precedentes com uma bioatividade atractiva atrai a atenção dos químicos sintéticos. Na última década, foram envidados grandes esforços para desenvolver novas estratégias de síntese destes produtos naturais.

2.3.2. Abordagens sintéticas anteriores:

I. 8,9-Secokaurene Diterpenoids por Paquette 1996:[30a]

Paquette e colaboradores[30] foram o primeiro grupo que completou a síntese total da (-)-O-metilshikoccina (**53**) e da (+)-O-metilepoxishikoccina (**55**), concebendo um rearranjo sigmatrópico [3.3] bem planeado dos intermediários espirocíclicos. O esqueleto enantiopuro da 1,3-diona **56** foi prontamente reagido com o aldeído **57** para dar o fecho do anel **58** mediado por LiBF$_4$ como uma mistura 1;1 de dois produtos diastereoméricos com um rendimento global de 51% através de três passos (Esquema 7). Agora, devido à diferente proteção estérica de dois grupos carbonilo, um grupo carbonilo é reduzido quimiosselectivamente por DIBAL para fornecer uma mistura diastereomérica separável de **59** (35%), **60** (14%) e **61** (36%). Ficou bem claro que a doação de hidreto ocorreu preferencialmente por baixo do oxigénio do anel C, que foi projetado para o centro de reação (ver entrada **61**, esquema-7), o que foi confirmado por NOE. Felizmente, o produto **59 pode** ser facilmente convertido no epímero necessário **60** (74%) pelo protocolo de Mitsunobu utilizando DEAD seguido de hidrólise alcalina ligeira do éster. Após a O-metilação de **60**, a metoxi-cetona resultante foi reagida com brometo de vinil-magnésio para se obter exclusivamente um único isómero detetável (confirmado por TLC e análise NMR) **62** com um rendimento de 92% em duas etapas. A expansão do anel B ocorreu através de um rearranjo oxi-Cope em DMF, quando 62 foi aquecido a 230-240 °C durante 19 h, seguido de dessililação mediada por CsF e oxidação com periodinano de Dess-Martin (DMP) para produzir a dicetona **63** necessária em 62% em 3 etapas. A estrutura esquelética e a estereoquímica indicada de **63** foram confirmadas por estudos extensivos COSY e NOE. O composto **63** foi depois transformado no produto natural desejado O-metilshikoccina (**53**) (58% em 6 etapas) por amálgama regiosselectiva do grupo exo-metileno através da reação de Mannich, desproteção do PMB por DDQ e reprotecção da funcionalidade hidroxi pelo grupo acetilo por anidrido acético, respetivamente. Por outro lado, quando a cromatografia do produto de Mannich foi efectuada em gel de sílica com éter que contém peróxidos, a epoxidação tem lugar para, em última análise, produzir O-metilepoxishikoccin (**55**) seis passos mais tarde. Os dados registados de^1 H e^{13} C NMR dos produtos-alvo **53** e **55** foram comparados e corresponderam bem às suas amostras autênticas. O rendimento global deste método foi de 6,7% em 15 etapas a partir de **56** (Esquema 7).

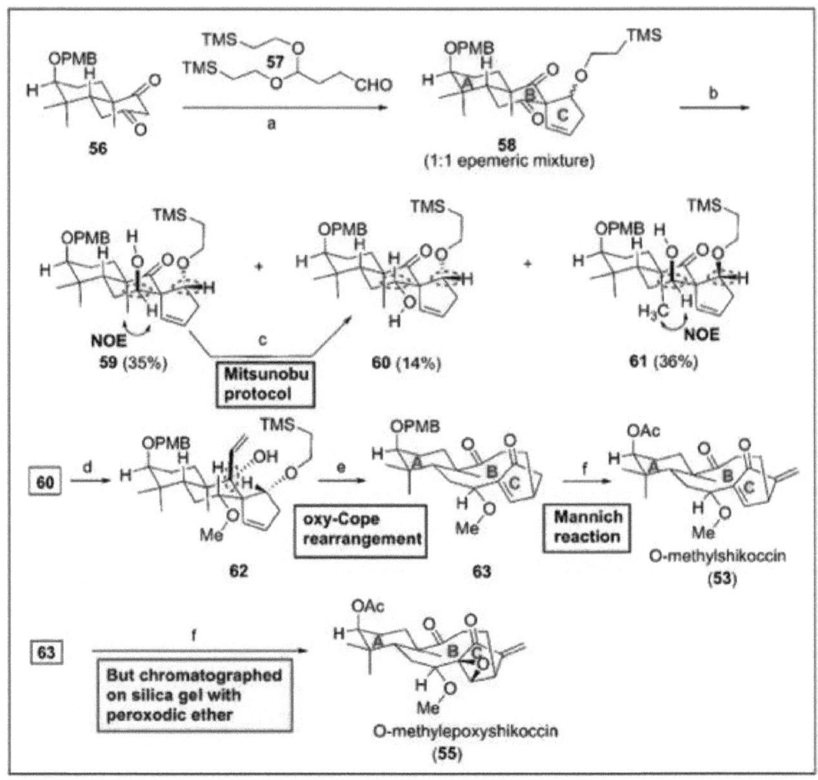

Esquema 7: (-)-O-metilshikoccina e (+)-O-metilepoxishikoccina: (a) (1) **57**, PhSeH, SiO_2 , (2) $LiBF_4$, $CH_3 CN$-$H_2 O$, (3) $H O_{22}$, Py, EtO-CH=CH_2 , (51% para 3 etapas), (b) DIBAL, THF, (c) ácido p-nitrobenzóico, DEAD, tolueno, depois $K_2 CO_3$, MeOH, THF, 74%, (d)(1) MeI, $Ag_2 O$, $CaSO_4$, (2) $H_2 C$=CH-MgBr, THF, (92% para 2 etapas), (e) (1) DMF, 230-240° C, (2) CsF, DMF, (3) DMP, $CH_2 Cl_2$, Py, (62% para 3 etapas), (f) (1) KHMDS, TMS-Cl, THF, -78° C, (2) Me N =CHI_2^{+-} , NaOH, DMF, 50° C, (3) MeI, éter, (4) $K_2 CO_3$, $H O$-$CH_{22} Cl_2$, (5) DDQ, $H O$-$CH_{22} Cl_2$, (6) $Ac_2 O$, DMAP, Py, $CH_2 Cl_2$.(58% para 6 etapas).

II. 8,9-Secokaurene Diterpenoids por Paquette 1997:[30b]

O grupo Paquette completou mais uma vez[30b] a síntese total da (-)-O-metilshikoccina (**53**) a partir da cetona de Wieland-Miescher (**14b**). O seu epóxido natural (+)-O-metilepoxishikoccina (**55**) foi também obtido com uma eficiência comparável. A cetona de Wieland-Miescher **14b** com *configuração R* foi convertida em **64** pelo método da literatura desenvolvido por Kametani e Woodward (Esquema 8).[31]

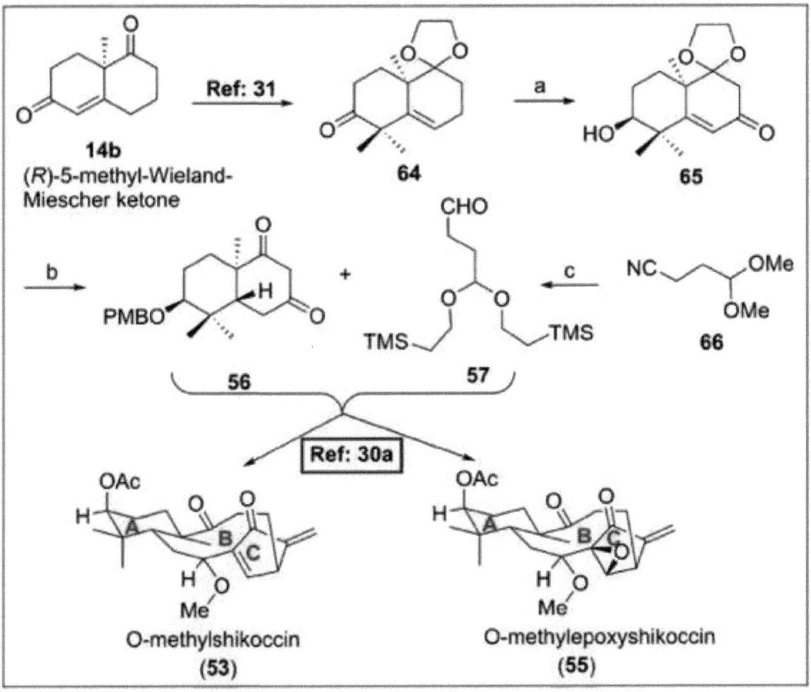

Esquema 8: (-)-O-metilshikoccina e (+)-O-metilepoxishikoccina: (a) (1) L-selectrida, NaOH, H O_{22} , (2) TMS-Cl, imidazol, (3) CrO_3 , (4) NaOH (5N), HCl, (49% para 4 etapas), (b) (1) Na, Liq.NH ,3^t BuOH, (2) NaH, PMB-Cl, DMF, rt, (3) HCl (1N), THF, 44%, (para 3 etapas). (c) (1) TMS-CH -CH_{22} -OH, TsOH, tolueno, (2) DIBAL, CH_2 Cl_2 , 63%.

A redução de **64** com L-Selectride volumosa procedeu com elevada estereosselectividade (>95:5) para obter o álcool 65 após a proteção do grupo hidroxilo por éter trimetilsilílico antes da oxidação alílica com trióxido de crómio/complexo de 3,5-dimetilpirazol com um rendimento global de 49 % (esquema 8). A diona intermediária chave **66** foi obtida por subsequente redução metálica dissolvente (Li/liq. NH$_3$) de **65** para o estabelecimento da fusão do anel trans. Neste passo, a funcionalidade hidroxilo em **65** foi também protegida pelo grupo PMB com excesso de hidreto de sódio seguido de hidrólise ácida com HCl 1 N. Outra molécula desejada **57** foi montada a partir de **66** por troca acetal entre **66** e 2-(trimetilsilil)etanol em condições ácidas. A obtenção do aldeído **57** foi efectuada por redução controlada do nitrilo por DIBAL com um rendimento global de 63%. Os aldeídos **56** e **57 foram** convertidos em (-)-O-metilshikoccina (**53**) pelo método da literatura anterior[30a] e o seu derivado epoxídico (+)-O-metilepoxishikoccina (**55**) foi transformado (Esquema 8) de forma análoga na presença de peróxido.[30a] O rendimento global neste caso foi de 8% a partir da cetona de Wieland-Miescher (**14b**).

Mas a sua via sintética sofre de condições de reação difíceis, de um protocolo de síntese longo e de um rendimento extremamente baixo (7-8% de rendimento global). Por conseguinte, é necessário um protocolo mais ecológico, como a electro-síntese, para facilitar a sua síntese.

2.3.3. Síntese eletroquímica:

O problema acima referido foi resolvido pelo grupo de Hanfeng Ding[32] através do desenvolvimento de uma reação em cascata eletroquímica ODI-[5+2] de etinil-fenóis sensíveis (Esquema 9X). O éster **68** foi preparado a partir do epóxido (-)-**67** disponível no mercado através da fragmentação de Eschenmoser-Tanabe seguida de esterificação oxidativa. Através de uma sequência de rearranjo foto-Fries de **68** e redução estereosselectiva do produto rearranjado, obteve-se o derivado etinil-fenólico (**69**). A cascata eletroquímica ODI [5+2] de **69**, aplicando uma corrente constante de 5 mA/cm^2 através de eléctrodos de carbono no solvente acetonitrilo, utilizando n-Bu NBF$_{44}$ como eletrólito de suporte, permitiu obter a fração **70 do biciclo**[7.2.1]dodecano fundido com ciclo-hexilo através da formação dos intermediários catiónicos **I** e **II** no ânodo (Esquema 9Y) e da evolução do gás hidrogénio no cátodo. A manipulação inteligente do grupo funcional de **70** permite finalmente obter cinco 8,9-seco-ent-kauranoides, nomeadamente, (-)-shikoccin (**53a**), (-)-O-metilshikoccin (**53**), (-)-epoxyshikoccin (**54**), (+)-O-metilepoxyshikoccin (**55**) e (+)-rabdohakusin (**52**) com um rendimento satisfatório (esquema 9X).

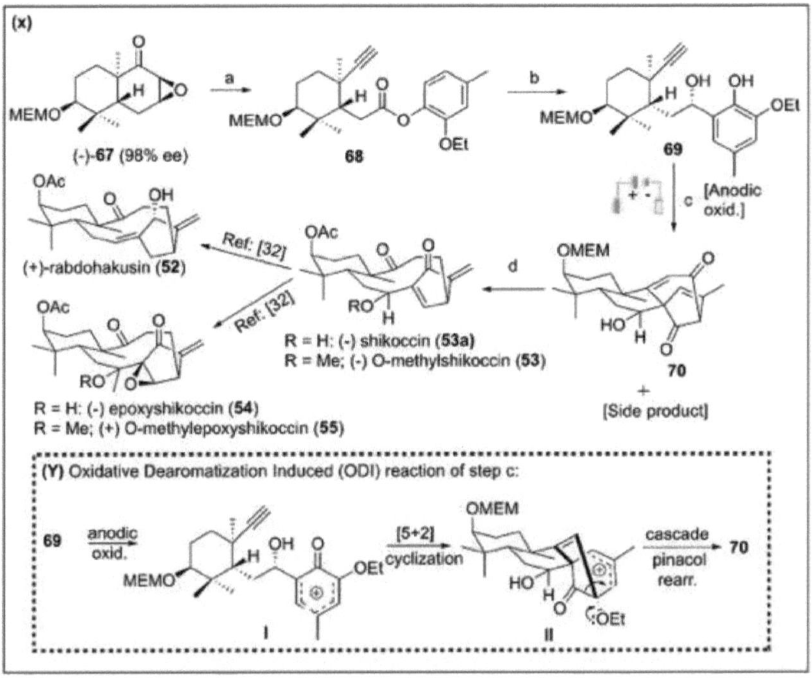

Esquema 9: Síntese dos diterpenóides 8,9-seco-ent-kaurano:Reacções e condições: (a) Informação de apoio da referência-32; (b) hʋ, 18^0 C depois LiBH₄ ; (c) Eléctrodos de carbono, célula indivisa, 5 mA/cm^2 , n-Bu NBF₄₄ , MeCN, RT; (d) LiAl(OtBu)₃ H depois aq. HBr.

2.4. Escospirosina A e B:

2.4.1. Fonte natural:

A escospirosina A (**70**) e B (**71**) são dois diterpenóides diméricos espiro-ent-clerodano de ocorrência natural sem precedentes, com sistemas de anéis 6/6/10/6 e 6/6/6/6/6, respetivamente (Figura 7). Foram isolados pela primeira vez das partes aéreas de Isodonscoparius. Os metabolitos secundários destas plantas foram utilizados principalmente como agente antipirético, analgésico e anti-inflamatório pelos nativos locais.[33] Além disso, a escospirosina B apresenta uma atividade imunossupressora selectiva contra a proliferação de linfócitos T (IC50 = 1,42 μM). As suas estruturas foram elucidadas principalmente por análise de RMN e as configurações absolutas foram confirmadas por difração de raios X de cristal único.[34]

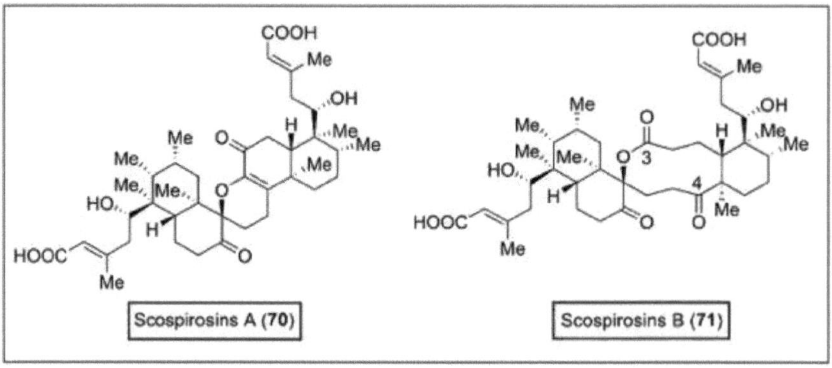

Figura 7. Estruturas dos novos dímeros de espiroditerpenos: Espirosina A e B.

A escospirosina A, **70** ($C H O_{406010}$) possui uma estrutura anelar tetracíclica com uma parte de espirolactona de 10 membros e 11 estereocentros. Enquanto que a B, **71** ($C H O_{40589}$) possui um sistema pentacíclico com um núcleo de dihidropirano com 6 membros e 11 centros quirais (figura 7). Esta interessante complexidade estrutural e a atividade biológica associada atraíram a comunidade sintética durante várias décadas.

2.4.2. Abordagens sintéticas anteriores:

Anteriormente, a síntese biomimética,[35a] divergente,[35b] rede sem solvente[35c] e a abordagem fotoquímica[35d] tinham sido tentadas para construir tais esqueletos diterpénicos diméricos, mas tornaram-se ineficazes para a Scospirosin A & B. Por conseguinte, a síntese total destas duas moléculas específicas Scospirosin A & B à escala de um grama em qualquer metodologia tinha permanecido intocada. No entanto, a electro-síntese surge como um papel vital para remediar as tentativas mal sucedidas do passado.

2.4.3. Síntese eletroquímica:

Uma nova estratégia de oxidação eletroquímica sem grupos protectores biomiméticos foi introduzida pela primeira vez por Puno e colaboradores[36] em meados de 2021 para obter os diterpenóides A (**70**) e B (**71**) (Esquema 10). O Composto **73** foi obtido como um único diastereoisómero a partir do precursor **72** através da reação de carbonilação alílica mediada por SeO_2 com um rendimento de 75% à escala de um grama. O protocolo de cicloadição intermolecular [4+2] hetero-Diels-Alder do composto **73** para obter o intermediário chave **74**. O intermediário-chave **74** foi então convertido em espirosina B (**71**) por foto-oxigenação sensibilizada seguida de refluxo simples num solvente de ebulição elevada, como o tolueno (esquema 10). No entanto, a carbonilação alílica quimiosselectiva direta de **74** foi conseguida para encontrar outro produto natural, a Scospirosin A (**70**), através da oxidação C-H alílica verde eletroquímica num aparelho Electra Syn, utilizando bulling O_2 , NHPI (0,2 equiv), $LiClO_4$ (0,6 equiv) e piridina (2,0 equiv) em acetona à temperatura ambiente, com corrente constante a 2,0 V, com um rendimento isolado de 63% e um rendimento à escala de gramas de 56% (esquema 10).

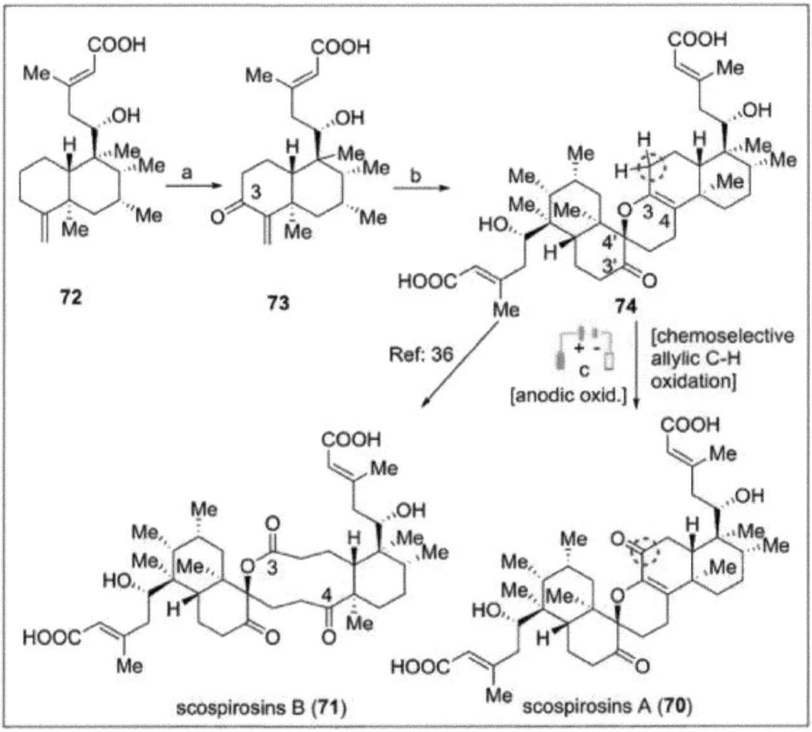

Esquema 10: Síntese da Escospirosina A e B: Reacções e Condições: (a) (1) SeO_2 , $tBuO_2$ H, THF, RT, (2) TEMPO, TsOH, H_2 O, DCM, 0° C; (b) Ver página número 5649 da Ref: [36]; (c) Eléctrodos de carbono, corrente constante de 2 V, O_2 , N-hidroxiftalimida (NHPI, 0.2 equiv.) $LiClO_4$ (0,6 equiv.), piridina (2 equiv.), acetona, RT.

Infelizmente, os autores não revelaram o mecanismo da reação. Provavelmente, esta passou pela via SET através da ativação eletroquímica do oxigénio. A nobreza deste protocolo bioinspirado é verde, com quimio, regio e estereosselectividade, sem grupo de proteção (PGF), passos mínimos e alto rendimento, economia de átomos, eficiência na produção industrial à escala de gramas.

Referência

1. (a) Croteau, R., Kutchan, T. M.; Lewis, N. G. *Natural Products (Secondary Metabolites). Biochemistry and Molecular Biology of Plants,* **2000**, *24*, 1250-1319.

    (b) Newman, D. J.; Cragg, G. M.; *J Nat Prod.* **2012**, *75*, 311-335.

2. (a) Cordell, G. A. *Chem. Rev.,* **1976**, *76*, 425-60.

3. Nicolaou, K. C.; Montagnon, T. *Wiley-VCH, Weinheim,* **2008**.

4. Cox-Georgian, D.; Ramadoss, N.; Dona, C.; Basu, C. *Med. Plants,* **2019**, 333-359.

5. Singh, B.; Sharma, R. A. *Biotech,* **2015**, *5*, 129-151.

6. (a) Caputi, L.; Aprea, E. Recent *Pat. Food, Nutr. Agric.,* **2011**, *3*, 9-16; (b) Lyu, X.; Lee, J.; Chen, W. N. *J. Agric. Food Chem.,* **2019**, *67*, 4397-4417.

7. (a) Smith, G. H.; Roberts, J. M.; Pope, T. W. *Crop Prot.,* **2018**, *110*, 125-130; (b) Ninkuu, V.; Zhang, L.; Yan, J.; Fu, Z.; Yang, T.; Zeng, H. *Int. J. Mol. Sci.,* **2021**, *22*, 5710-5732.

8. Chadwick, M.; Trewin, H.; Gawthrop, F.; Wagstaff, C. *Int J Mol Sci.,* **2013**, *14*, 12780-12805.

9. (a) Wang, G.; Tang, W.; Bidigare R. R. *Terpenoids as therapeutic drugs and pharmaceutical agents, Natural products: Drug discovery and therapeutic medicine. In: Zhang L,Demain AL (Eds.)Totowa, NJ: Humana Press.* **2005**, 197-227. (b) Priyadarshini, K.; Keerthi Aparajitha, U. *Paclitaxel contra o cancro: 2012, Uma breve revisão sobre Química Medicinal,* **2012**, *2*, 139-141. (c) Jennings, D. W., Deutsch, H. M., Zalkow, L. H., Teza, A. S. *The Journal of Supercritical Fluid,* **1992**, 5, 1-6.

10. Zwenger, S.; Basu, C. *Biotechnol Mol Biol Rev,* **2008**, *3*, 1-7.

11. Harborne, A. J. *Phytochemical methods. A guide to modern techniques of plant analysis. 3ᵃ ed. Londres, Reino Unido:* **1998**, 1317.

12. Katoh, T. *Stud. Nat. Prod. Chem.* **2014**, *43*, 1-39.

13. (a) Candelalidas A-C, ver: Singh, S. B.; Zink, D. L.; Dombrowski, A. W.; Dezeny, G.; Bills, G. F.; Felix, J. P.; Slaughter, R. S.; Goetz, M. A. *Org. Lett.* **2001**, *3*, 247-250. (b) Subglutinóis A e B, ver: Lee, J. C.; Lobkovsky, E.; Pliam, N. B.; Strobel, G.; Clardy, J. *J. Org. Chem.* **1995**, *60*, 7076-7077. (c) Engel, B.; Erkel, G.; Anke, T.; Sterner, O. *J. Antibiot.* **1998**, *51*, 518 -521.

14. (a) Zhang, F.; Danishefsky, S. J. *Angew. Chem., Int. Ed.* **2002**, *41*, 1434-1437; (b) Watanabe, K.; Iwasaki, K.; Abe, T.; Inoue, M.; Ohkubo, K.; Suzuki, T.; Katoh, T. *Org. Lett.* **2005**, *7*, 3745-3748.

    (c) Kim, H.; Baker, J. B.; Lee, S. U.; Park, Y.; Bolduc, K. L.; Park, H. B.; Dickens, M. G.; Lee, D. S.; Kim, Y.; Kim, S. H.; Hong, J. *J. Am. Chem. Soc.* **2009**, *131*, 3192-3194. (d) Jeong, H. W.; Lee, H. J.; Kho, Y. H.; Son, K. H.; Han, M. Y.; Lim, J. S.; Lee, M. Y.; Han, D. C. Ha, J. H. Kwon, B. M. *Bioorg. Med. Chem.* **2002**, *10*, 3129-3134. (e) Metarhizinas A e B, ver: Kikuchi, H.; Hoshi, T.; Kitayama, M.; Sekiya, M.; Katou, Y.; Ueda, K.; Kubohara, Y.; Sato, H.; Shimazu, M.; Kurata, S.; Oshima, Y. *Tetrahedron* **2009**, *65*, 469-477.

15. Zhang, F.; Danishefsky, S. J. *Angew. Chem. Int. Ed.* **2002**, *41*, 1434-1437.

16. Hagiwara, H.; Uda, H. *J. Chem. Soc. Perkin Trans.* **1991**, 1, 1803-1807.

17. (a) Kim, H.; Baker, J. B.; Lee, S.; Park, U. Y.; Bolduc, K. L.; Park, H. B.; Dickens, M. G.; Lee, D. S.; Kim, Y.; Kim, S. H.; Hong, J. *J. Am. Chem. Soc.* **2009**, *131*, 3192-3194; (b) Kim, H.; Baker, J. B.; Park, Y.; Park, H. B. DeArmond, P. D.; Kim, S. H.; Fitzgerald, M. C.; Lee, D.; Hong, S. J. *Chem. Asian. J.* **2010**, *5*, 1902-1910.

18. Bandyopadhyay, A.; Sarkar, R. *Curr. Green Chem,* **2024**, *11*, 148-171.

19. Gaich, T.; Baran, P. S. *J. Org. Chem.* **2010**, *75*, 4657-4673.

20. Merchant R. R.; Oberg K. M.; Lin Y.; Novak A. J. E.; Felding J.; Baran P. S. *J. Am. Chem. Soc.* **2018**, *140*, 7462-7465.

21. Shimizu, I.; Tsuji, J. *J. Am. Chem. Soc.* **1982**, *104*, 5844-5846.

22. Ruzicka, L.; Pfeiffer, M. *Helv.* **1933**, *16*, 1208.

23. Dabrowska, P.; Boland, W. *ChemBioChem* **2007**, *8*, 2281-2285.

24. Crornbie, L.; Hemesley, P.; Pattenden, G. *J. Chem. SOC.(C),* **1969**, *6*, 1024-1027.

25. Berkowitz. W. F. *J. Org. Chem.,* **1972**, *37*, 341-342.

26. Ma, X.; Dewez, D. F.; Du, L.; Luo, X.; Marko, I. E.; Lam, K. *J. Org. Chem.* **2018**, *83*, 12044-12055.

27. (a) Sun, H. D.; Huang, S. X.; Han, Q. B. *Nat. Prod. Rep.* **2006**, *23*, 673-698; b) Liu, M.; Wang, W. G.; Sun, H. D.; Pu, J. X. *Nat. Prod. Rep.* **2017**, *34*, 1090-1140.

28. (a) Nagao, Y.; Ito, N.; Kohno, T.; Kuroda, H.; Fujita, E. *Chem. Pharm. Bull.* **1982**, *30*, 727-729; (b) Fuji, K.; Node, M.; Ito, N.; Fujita, E.; Takada, S.; Unemi, N. *Chem. Pharm. Bull.* **1985**, *33*, 1038-1042.

29. Node, M., Ito, N., Uchida, I., Fujita, E.; Fuji, K. *Chem. Pharm. Bull.* **1985**, *33*, 1029.

30. (a) Paquette, L. A.; Backhaus, D.; Braun, R. *J. Am. Chem. Soc.* **1996**, *118*, 11990-11991; (b) Paquette, L. A.; Backhaus, D.; Braun, R.; Underiner, T. L.; Fuchs, K.; *J. Am. Chem. Soc.* **1997**, *119*, 9662-9671.

31. (a) Kametani, T.; Suzuki, K.; Nemoto, H. *J. Org. Chem.* **1980**, *45*, 2204-2207; (b) Woodward, R. B.; Patchett, A. A.; Barton, D. H. R.; Ives, D. A. J.; Kelly, R. B. *J. Am. Chem. Soc.* **1954**, *76*, 2852-2853.

32. Wang, B.; Liu, Z.; Tong, Z.; Gao, B.; Ding, H. *Angew. Chem. Int. Ed.* **2021**, *60*, 14892-14896.

33. Lin, L. G.; Ung, C. O. L.; Feng, Z. L.; Huang, L.; Hu, H. *Planta Med.* **2016**, *82*, 1309-1328.

34. Zhou, M.; Zhang, H. B.; Wang, W. G.; Gong, N. B.; Zhan, R.; Li, X. N.; Du, X.; Li, L. M.; Li, Y.; Lu, Y.; Pu, J. X.; Sun, H. D. *Org. Lett.* **2013**, *15*, 4446-4449.

35. (a) Stanley, P. A.; Spiteri, C.; Moore, J. C.; Barrow, A. S.; Sharma, P.; Moses, J. E. *Curr. Pharm. Des.* **2016**, 22, 1628-1657. (b) Li, L.; Chen, Z.; Zhang, X.; Jia, Y. Chem. Rev. **2018**, 118, 3752- 3832. (c) Sarkar, A.; Santra, S.; Kundu, S. K.; Hajra, A.; Zyryanov, G. V.; Chupakhin, O. N.; Charushin, V. N.; Majee, A. *Green Chem.* **2016**, *18*, 4475-4525; (d) Karkas, M. D.; Porco, J. A., Jr.; Stephenson, C. R. J. *Chem. Rev.* **2016**, *116*, 9683-9747.

36. Li, X. R; Yan, B. C.; Hu, K.; He, S.; Sun, H. D.; Zuo, J.; Puno, P. T. *Org. Lett.* **2021**, *23*, 5647-5651.

yes
I want morebooks!

Buy your books fast and straightforward online - at one of world's fastest growing online book stores! Environmentally sound due to Print-on-Demand technologies.

Buy your books online at
www.morebooks.shop

Compre os seus livros mais rápido e diretamente na internet, em uma das livrarias on-line com o maior crescimento no mundo! Produção que protege o meio ambiente através das tecnologias de impressão sob demanda.

Compre os seus livros on-line em
www.morebooks.shop

Printed by Books on Demand GmbH, Norderstedt / Germany